5000
3085
2300 ϕ
1100 ϕ
fest
2550
2100
1250
1100
1175
1175
2350
1215
640
Hub 660

Die Stromlinien-Dampfloks der Reichsbahn

22
Stromlinien-
05 001

Alfred B. Gottwaldt

Die Stromlinien-Dampfloks der Reichsbahn

Vom Schnellverkehr der dreißiger Jahre

Mit Beiträgen von
Ernst Hock, Karl-Ernst Maedel und Joachim Raabe

250 Fotografien und Zeichnungen

Franckh'sche Verlagshandlung Stuttgart

Zur Abbildung auf dem Schutzumschlag: Die Lokomotive 61 002 beim Verlassen des Kasseler Henschel-Werkes am 12. Juni 1939. Siehe auch die Seiten 72 bis 76. Foto von Rudolf Kreutzer, wiedergegeben mit freundlicher Genehmigung der Thyssen Henschel AG, Kassel.

Bild Seite 2: Auf der Nürnberger Jubiläumsausstellung. Siehe auch Seite 28 oben.

Hinweis: Die in diesem Buch benutzten technischen Bezeichnungen und Dimensionen entsprechen den beim Bau der Fahrzeuge gewählten Angaben und sind, um eine Vergleichbarkeit mit der hier einschlägigen historischen Literatur zu erleichtern, nicht auf das heute gültige Maß- und Bezeichnungssystem umgestellt worden.

Inhalt

Einleitung: Vom „Stromlinien-Fieber”

„Streamlining Fever“ — aus dem englischen Eisenbahnwesen ist dieser Begriff zu uns gelangt. Er steht für eine Mode der dreißiger Jahre, die den schnellfahrenden Schienenfahrzeugen ein windschnittiges, farbenfrohes Blechkleid schneidern wollte. Mit dem Wort: Stromlinien-Fieber ist die Vokabel nur unzureichend übertragen, läßt sie doch den lebhaften Konkurrenzgeist zwischen den britischen Privatbahnen, die sich der Lokomotiv-Karosserien und der immer wieder gekürzten Fahrzeiten schon aus Gründen des Wettbewerbs in den Jahren der zunehmenden Verbreitung des Automobils stets von neuem zu bedienen wußten, kaum recht erahnen. Immerhin sollte die windschlüpfrige Stromschale es gestatten, wenn Motor oder Kessel an der Grenze ihrer Leistung angelangt waren, doch noch ein ganzes Stück schneller zu fahren oder aber jedenfalls mehr Nutzlast zu befördern. Dort wurde ein neues Design in den Werkstätten gehütet bis zum letzten Augenblick, fanden Probefahrten bei Nacht und Nebel statt, bearbeitete ein Agent die Presse vor den Premieren, und in seltenem Sportsgeist verfolgte die Öffentlichkeit den Ausgang aller Lokomotivrennen und ähnlicher Operationen.

Doch nicht nur jenseits des Kanals grassierte die Epidemie. Nachdem auf dem Kontinent erste Versuche mit Windschneiden schon ab 1890 unternommen worden waren, aber aufgrund der damals verlangten Geschwindigkeiten noch ohne Fortentwicklung bleiben mußten, wurden seit dem Ersten Weltkrieg und in der darauffolgenden Konsolidierungs- und Krisenzeit durch den stark sich entwickelnden Bau von Flugzeugen die Begriffe der Aerodynamik und der Stromlinienform auch weiteren Kreisen zum Bewußtsein gebracht. Die Technischen Hochschulen errichteten allerorten einen Windkanal, von dort rückten Ingenieure an die Reißbretter in die Fabriken nach, die schon entsprechende Vorlesungen gehört hatten, und wenn schließlich noch das Zeppelin-Luftschiff über Berg und Tal dahergebrummt kam, dann sahen auch Stadt und Land, daß nun im Verkehrswesen eine neue Zeit angebrochen war.

Dabei hatte noch 1920 der zwar schon einige Jahre im Ruhestand befindliche, gleichwohl aber hochgeachtete frühere Lokomotivbaudezernent der Preußischen Staatsbahn, der Geheime Baurat Garbe, in seinem Lehrbuch „Dampflokomotiven der Gegenwart“ über die Zulässigkeit hoher Fahrgeschwindigkeiten geschrieben: „Ernstlich frage ich, dem in weiten Kreisen verbreiteten Geschwindigkeitstaumel gegenüber, welcher Fachmann will es wagen, nicht nur auf einer besonders ausgewählten und hergerichteten Strecke am hellen Tage bei einer wohlvorbereiteten Versuchsfahrt derartige Kunststücke für Augenblicke höchster Anspannung vereinzelt vorzuführen, sondern im regelmäßigen Schnellzugdienst der Lokomotiv-Mannschaft zu gestatten, einen mit Reisenden besetzten Zug mit 150 km/h auch nur kurze Zeit fahren zu dürfen?“

Stromlinien-Fahrzeuge. Wie ein Zauberwort geisterte der Begriff „Stromlinie“ in den dreißiger Jahren durch Formgebung und Konstruktion, galt die windschlüpfrige Karosserie doch als Vorbedingung für jede Steigerung der Geschwindigkeit. Dies nicht nur bei der Eisenbahn, sondern ebenso in der Gestaltung von Personenkraftwagen oder gar von Omnibussen, mit denen die Reichsbahn einen Schnellreisedienst auf den Autobahnen einrichten wollte. Eine Henschel-Annonce verweist auf die Aktivitäten des Unternehmens auf diesen Gebieten. Nach einem Druck in „Glasers Annalen“ von 1937.

Neu war also, trotz aller Vorläufer, der Ansatz in der Konstruktion um 1930 durchaus, hatten doch die systematischen Versuche ergeben, daß nicht eine vorn zugespitzte Keilform, sondern eher die rundliche Tropfengestalt mit ihrer Verjüngung nach hinten den niedrigsten Luftwiderstandsbeiwert (c_w) aufwies. Zu Beginn der dreißiger Jahre war es im Gebiet der Deutschen Reichsbahn besonders der Technische Direktor der Borsig Lokomotiv-Werke GmbH, Max Widdecke, der bei der Verwaltung immer neue Vorstöße unternahm, um in dieser Zeit der nur minimalen Beschaffungen wenigstens durch fruchtbare Entwicklungsarbeit den Anschluß an den Fortschritt auf dem Weltmarkt nicht zu verlieren. So hatte sein Unternehmen, das bereits zum Konzernbereich der AEG gehörte, aus eigenem Antrieb im Charlottenburger Windkanal gewisse Versuche unternommen.

Nun war man zwar, was die praktische Nutzbarmachung der gewonnenen Erkenntnisse anbetraf, bei der Eisenbahn sowohl durch die Puffer als auch durch den angehängten Wagenzug gezwungen, von allzu sklavischer Nachbildung des Wassertropfens in Stahlblech Abstand zu nehmen, doch der Bau von Personenkraftwagen und selbst von Omnibussen hat hier die bemerkenswertesten Blüten getrieben. Aber spotten wir nicht, auch für die stromlinienverkleideten Dampflokomotiven hat der Volksmund so schmeichelhafte Namen wie „Badewanne“ oder „U-Boot“ zu finden vermocht, und wer die auf den Seiten 35 und 36 wiedergegebenen Entwurfszeichnungen mit offenem Auge betrachtet, kann noch deutlich erkennen, welche Geltung eben jener Tropfen damals besaß.

Mit diesen ein wenig ironisch anmutenden Bemerkungen sei auf die Gretchenfrage beim Bau einer jeden Stromschale hingewiesen: Steht der Aufwand für Herstellung und Unterhaltung, stehen die betrieblichen Probleme mit Kühlung und Zugänglichkeit des Triebwerks wirklich in einem angemessenen Verhältnis zu dem Nutzen, der nun aus der höheren Geschwindigkeit oder der größeren Anhängelast erwächst?

Mancher bekannte Lokomotivbauer hat diese Frage auch im Höhepunkt des Stromlinien-Fiebers noch mit „Nein“ beantwortet, und von

Ein Rückblick auf die Anfänge. Schon um die Jahrhundertwende hatte es, ihrer Zeit weit vorauseilend, eine ganze Anzahl von Versuchen mit windschnittig zugespitzten Lokomotiven gegeben, von denen hier einige Beispiele gezeigt werden.

Zunächst der Vorreiter, die badische II c-Schnellzuglok von 1892, die in ihrer fünften Serie mit einer wie aus einem Guß wirkenden Stromschale geliefert wurde. Zur glatten Form trug auch das innenliegende Triebwerk bei, das die Maschine dank ihrer 2100 mm großen Treibräder bis auf 120 Stundenkilometer brachte.

Sodann eine preußische S 3, die nur erprobungshalber ein Windschneiden-Führerhaus und weitere Verkleidungen erhalten hatte. Hier hat man sich eng an französische Vorbilder angelehnt, außerdem nach der badischen II c geschielt. Die Regelausführung entsprach herkömmlicher Bauart; immerhin hat aber selbst die P 8 in ihren ersten Lieferungen noch das Spitzführerhaus erhalten.

Auch die sächsische Staatsbahn frönte 1906 mit ihrer Gattung XII H noch dem Stromlinien-Gedanken, kam jedoch bei späteren Lieferungen, die zudem noch statt des Vierlingstriebwerks eine Verbund- oder gar eine Zwillingsmaschine erhielten, von diesen Verkleidungen wieder ab.

Die Probeloks von Wittfeld und Kuhn. Doch auch in Preußen blieb man nicht untätig. Als die elektrischen Schnellbahnversuche auf der Militärbahn im Jahre 1903 alle Aufmerksamkeit auf sich zogen, entstanden auch zwei besondere Dampfloks der Gattung S 9, die wegen ihrer Verkleidung bald den Spitznamen „Möbelwagen“ trugen. Wir zeigen sie hier mit einer im gleichen Zuge erbauten Tenderlok in einer zusammenfassenden Abbildung aus der Festschrift „125 Jahre Henschel“ von 1935. Mit dem Dreizylinder-Verbundtriebwerk erlitt man allerdings doch Schiffbruch, die höchste erreichte Geschwindigkeit war 137 Stundenkilometer, und so wurden die beiden Wunderlokomotiven ihrer Verkleidung beraubt und bis 1918 noch im Schnellzugdienst der Direktion Altona abgefahren. Die Abbildung unten rechts zeigt die umgebaute Lok 999 in Hannover.

1904
Dreizylinder - Verbund - Schnellbahn - Lokomotive, Bauart Wittfeld, Gattung S 9 der Kgl. Preußischen Staatsbahnen (Direktion Altona, Betriebs - Nr. 561)

1904
Dreizyl. - Verb. - Schnellbahn - Lokomotive, Bauart Wittfeld, Gattung S 9 der Kgl. Preuß. Staatsbahnen (Direktion Altona, Betriebs - Nr. 562)

1904
Die leistungsfähigste deutsche Tender - Lokomotive ihrer Zeit: Heißdampf-Vierzylinder-Verbund-Schnellzug-Tenderlokomotive für Gebirgsbahnen, Gattung T 16 der Kgl. Preußischen Staatsbahnen (Direktion Erfurt, Betriebs - Nr. 1980)

Die bayerische S 2/6. Gleichfalls ein Einzelstück ist diese elegante, auf 2200 mm großen Treibrädern ruhende Schnellfahrlokomotive geblieben, mit der man 154 Stundenkilometer erreichte. Sie war damit die schnellste deutsche Dampflok der Zeit vor dem Ersten Weltkrieg, doch war noch kein rechter Bedarf für dieses Tempo zu verzeichnen. So gelangte sie in den Plandienst bei der Pfalzbahn. Die Reichsbahn bedachte sie zunächst mit der Betriebsnummer 15 001, sodann jedoch mit einem Ehrenplatz im Verkehrsmuseum Nürnberg.
Das Bild links zeigt die Maschine bei ihrer Premiere auf einer Ausstellung in Nürnberg 1906; die Fotografie unten entstand bei ihrem Ausscheiden aus dem aktiven Dienst im Jahre 1929 gleichfalls in Nürnberg. Hermann Maey vom Deutschen Lokomotivbild-Archiv in Darmstadt war zur Stelle, um den historischen Vorgang zu dokumentieren.

RUND UM DIE STROMLINIE

EIN BILDBERICHT

Die Vollendung der Henschel-Stromlinien-Lokomotive für die Deutsche Reichsbahn-Gesellschaft gibt Veranlassung zu einer kurzen Uebersicht über den Einfluß des Stromliniengedankens auf die Gestaltung der Schienenfahrzeuge. Unser Bildbericht erhebt keinen Anspruch auf Vollständigkeit, läßt aber den Gang der Entwicklung in großen Zügen erkennen.

Die umgebende Luft setzt der Bewegung eines Fahrzeuges einen um so größeren Widerstand entgegen, je höher die Fahrgeschwindigkeit ist. Der Luftwiderstand wächst annähernd mit dem Quadrat der Geschwindigkeit. Die Erkenntnis, daß er durch entsprechende Gestaltung des Fahrzeugkörpers verringert werden kann, mag schon frühzeitig gewonnen sein. Wohl ihre erste prak-

Beispiele für die Anwendung von Windschneiden zur Verringerung des Luftwiderstandes

1893/94 2B-Naßdampf-Vierzylinder-Verbund-Schnellzuglokomotive der Paris-Lyon-Mittelmeer-Bahn

Aus der Sammlung Metzeltin

Aufnahme: Deutsches Lokomotivbild-Archiv, Darmstadt

1906 2B2-Heißdampf-Vierzylinder-Verbund-Schnellzuglokomotive Gattung S 2/5 der Kgl. Bayrischen Staatsbahnen, mit der 157 km/h erreicht wurden. Die Lokomotive stand bis 1930 im Dienst und ist jetzt im Verkehrsmuseum zu Nürnberg ausgestellt.

1906 2C-Heißdampf-Vierling-Schnellzuglokomotive der Kgl. Sächsischen Staatsbahnen

HENSCHEL . 5 . 1935

26

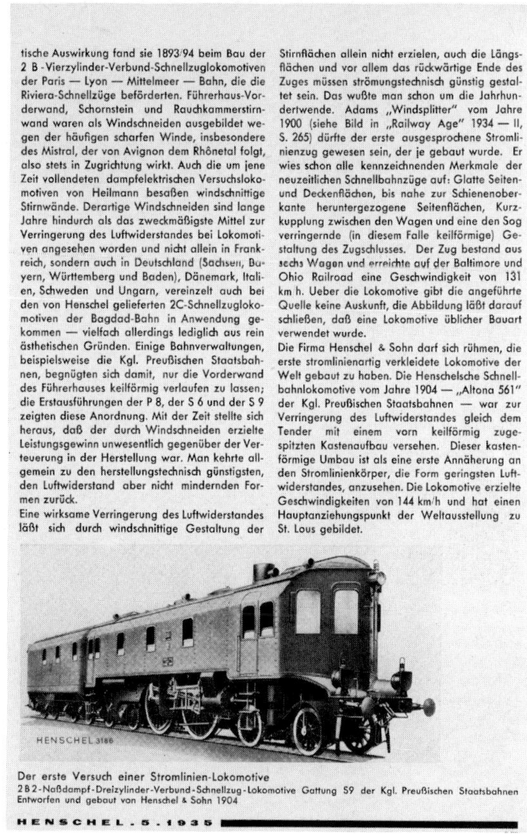

tische Auswirkung fand sie 1893/94 beim Bau der 2 B-Vierzylinder-Verbund-Schnellzuglokomotiven der Paris — Lyon — Mittelmeer — Bahn, die die Riviera-Schnellzüge beförderten. Führerhaus-Vorderwand, Schornstein und Rauchkammerstirnwand waren als Windschneiden ausgebildet wegen der häufigen scharfen Winde, insbesondere des Mistral, der von Avignon dem Rhônetal folgt, also stets in Zugrichtung wirkt. Auch die um jene Zeit vollendeten dampfelektrischen Versuchslokomotiven von Heilmann besaßen windschnittige Stirnwände. Derartige Windschneiden sind lange Jahre hindurch als das zweckmäßigste Mittel zur Verringerung des Luftwiderstandes bei Lokomotiven angesehen worden und nicht allein in Frankreich, sondern auch in Deutschland (Sachsen, Bayern, Württemberg und Baden), Dänemark, Italien, Schweden und Ungarn, vereinzelt auch bei den von Henschel gelieferten 2C-Schnellzuglokomotiven der Bagdad-Bahn in Anwendung gekommen — vielfach allerdings lediglich aus rein ästhetischen Gründen. Einige Bahnverwaltungen, beispielsweise die Kgl. Preußischen Staatsbahnen, begnügten sich damit, nur die Vorderwand des Führerhauses keilförmig verlaufen zu lassen; die Erstausführungen der P 8, der S 6 und der S 9 zeigten diese Anordnung. Mit der Zeit stellte sich heraus, daß der durch Windschneiden erzielte Leistungsgewinn unwesentlich gegenüber der Verteuerung in der Herstellung war. Man kehrte allgemein zu den herstellungstechnisch günstigsten, den Luftwiderstand aber nicht mindernden Formen zurück.

Eine wirksame Verringerung des Luftwiderstandes läßt sich durch windschnittige Gestaltung der Stirnflächen allein nicht erzielen, auch die Längsflächen und vor allem das rückwärtige Ende des Zuges müssen strömungstechnisch günstig gestaltet sein. Das wußte man schon um die Jahrhundertwende. Adams „Windsplitter“ vom Jahre 1900 (siehe Bild in „Railway Age“ 1934 — II, S. 265) dürfte der erste ausgesprochene Stromlinienzug gewesen sein, der je gebaut wurde. Er wies schon alle kennzeichnenden Merkmale der neuzeitlichen Schnellbahnzüge auf: Glatte Seiten- und Deckenflächen, bis nahe zur Schienenoberkante heruntergezogene Seitenflächen, Kurzkupplung zwischen den Wagen und eine den Sog verringernde (in diesem Falle keilförmige) Gestaltung des Zugschlusses. Der Zug bestand aus sechs Wagen und erreichte auf der Baltimore und Ohio Railroad eine Geschwindigkeit von 131 km/h. Ueber die Lokomotive gibt die angeführte Quelle keine Auskunft, die Abbildung läßt darauf schließen, daß eine Lokomotive üblicher Bauart verwendet wurde.

Die Firma Henschel & Sohn darf sich rühmen, die erste stromlinienartig verkleidete Lokomotive der Welt gebaut zu haben. Die Henschelsche Schnellbahnlokomotive vom Jahre 1904 — „Altona 561“ der Kgl. Preußischen Staatsbahnen — war zur Verringerung des Luftwiderstandes gleich dem Tender mit einem vorn keilförmig zugespitzten Kastenaufbau versehen. Dieser kastenförmige Umbau ist als eine erste Annäherung an den Stromlinienkörper, die Form geringsten Luftwiderstandes, anzusehen. Die Lokomotive erzielte Geschwindigkeiten von 144 km/h und hat einen Hauptanziehungspunkt der Weltausstellung zu St. Lous gebildet.

HENSCHEL 3186

Der erste Versuch einer Stromlinien-Lokomotive

2B2-Naßdampf-Dreizylinder-Verbund-Schnellzug-Lokomotive Gattung S9 der Kgl. Preußischen Staatsbahnen

Entworfen und gebaut von Henschel & Sohn 1904

HENSCHEL . 5 . 1935

Der Pionier des neuzeitlichen Schnellbahnverkehrs:

Der Kruckenbergsche „Schienenzeppelin“, mit dem am 21. Juni 1931 eine Geschwindigkeit von 230 km/h erreicht wurde

Beide Versuche zur Verringerung des Luftwiderstandes — der Adams-Zug wie die Henschel-Schnellbahn-Lokomotive — eilten ihrer Zeit weit voraus. Heute wissen wir, daß die Stromlinie für Lokomotivzüge nur bei Geschwindigkeiten über 130 km/h wirtschaftlich berechtigt ist. An solche war seinerzeit im regelmäßigen Zugdienst nicht zu denken, den Versuchen mußte eine praktische Auswirkung versagt bleiben. Adams Stromlinienzug wurde daher schon nach kurzer Zeit wieder aus dem Betrieb gezogen, die Henschelsche Schnellbahnlokomotive wurde nach Abschluß der Versuchsfahrten ihrer den Luftwiderstand mindernden Aufbauten beraubt und hat in derart geänderter Form noch bis 1918 unter der Betriebsnummer „Hannover 999“ im Schnellzugdienst Berlin-Hannover gestanden.

Grundlegende Bedeutung konnte die Stromlinie erst in dem Augenblick gewinnen, in dem höchste Geschwindigkeiten auf der Schiene auch im fahrplanmäßigen Verkehr als technisch möglich und wirtschaftlich tragbar erwiesen waren. Diesen Beweis erbrachte der Kruckenbergsche „Schienenzeppelin“; er erreichte am 21. Juni 1931 eine Geschwindigkeit von 230 km/h und überbot damit den 1903 von den elektrischen 3000 PS-Versuchs-Schnellbahnwagen aufgestellten Geschwindigkeitsrekord auf der Schiene um 16 km/h. Der Kruckenbergsche Schnelltriebwagen ist zwar nicht in planmäßigen Verkehr getreten; aber er hat insofern eine geschichtliche Mission erfüllt, als er hinsichtlich der Erhöhung der Reisegeschwindigkeiten eine grundlegende Umwälzung im Eisenbahnwesen hervorgerufen hat. Der Geschwindigkeitssprung von 120 auf 175 km/h für Schnellzüge, von 65 auf 90 km/h für Güterzüge ist als Verdienst des Schienenzeppelin anzusehen.

1932 erscheint als erster fahrplanmäßiger Schnellbahnzug der Welt der „Fliegende Hamburger“, bei dem die Stromlinienform bis zur äußersten Konsequenz getrieben ist. Er besitzt dieselelektrischen Antrieb und legt die 287 km lange Strecke Berlin-Hamburg in 138 Min. (entsprechend einer mittleren Reisegeschwindigkeit von 125 km/h) zurück; er ist das Vorbild für eine große Anzahl ähnlicher Fahrzeuge in aller Welt geworden. Insbesondere in Belgien, Dänemark, Frankreich, Holland, Italien und Nordamerika hat er Nachahmung gefunden; auch die neuen Wechselstrom-Triebzüge der Reichsbahn sind in der Formgebung an den „Fliegenden Hamburger“ angelehnt.

Aufnahme: Deutsches Lokomotivbild-Archiv Darmstadt

Der „Fliegende Hamburger“

Diesel-elektrischer 820 PS-Triebzug der Deutschen Reichsbahn 1932

HENSCHEL . 5 . 1935

28

Die Deutsche Reichsbahn hat nicht gezögert, die guten Erfahrungen mit dem Stromlinien-Diesel-Triebzug sinngemäß auch für den Dampfbetrieb zu verwerten. 1933 wurden von Henschel & Sohn Entwürfe für Dampf-Stromlinien-Lokomotiven und -Züge veröffentlicht (siehe „Henschel-Hefte“, November 1933, S. 41 und „The Railway Gazette“ 1934 — I, S. 133).

Die in diesem Aufsatz dargelegten Gedankengänge haben 1935 im Henschel-Wegmann-Stromlinienzug eine Verwirklichung erfahren. Die neue Henschel-Stromlinien-Lokomotive ist auf Grund der Erfahrungen mit der versuchsweise verkleideten 03-Lokomotive der Reichsbahn und der Ergebnisse ausgedehnter Modellversuche im Windkanal entstanden, die von der Reichsbahn durchgeführt wurden. Gegenüber dem Vorversuch von 1904 sind grundsätzlich neu die Verkleidung des Triebwerks und die Anlehnung der Stromlinienverkleidung an die Kesselform unter Verzicht auf einen maschinenhausähnlichen Aufbau. Die Henschel-Lokomotive ist als Tenderlokomotive ausgebildet und für die Beförderung eines leichten Vierwagenzuges in Stromlinienform bestimmt. Im Gegensatz zu ihr soll die zweite Stromlinientype der Reichsbahn, die aus den Borsig-Lokomotivwerken stammende 2C2-Schlepptenderlokomotive der Reihe 05, vor D-Zügen üblicher Bauart eingesetzt werden.

Motor-Schnell-Triebzüge

Wechselstrom-Triebzug der Deutschen Reichsbahn-Gesellschaft 1935

Zwei diesel-elektrische Triebzüge auf Kansas City Union Station, USA.

Aus „Railway Age“

Links: Zug der Union Pacific Railroad Rechts: „Burlington Zephyr“ der Chicago, Burlington & Quincy Railroad

HENSCHEL . 5 . 1935

29

Rund um die Stromlinie. Ein Bildbericht von Dr. Ing. Kurt Ewald. Einen glänzenden, auch heute noch unverändert gültigen Überblick der Stromlinienlokomotiven bei den Bahnen in aller Welt bescherten dem Eisenbahnfreund des Jahres 1935 die dicken „Henschel-Hefte“, Folge 5, in denen namentlich die Vorstellung der Henschel-Stromlinienlokomotive 61 001 zugleich mit dem Firmenjubiläum und dem hundertsten Geburtstag der Eisenbahn gefeiert wurde. Wir bringen hier, zugleich als eine Erinnerung an Kurt Ewald, die Wiedergabe des Heftumschlages und der Seiten 26 bis 34 mit dem genannten Beitrag.

Im Ausland ist der Stromliniengedanke teils zögernd, teils mit großer Begeisterung aufgegriffen worden. Beispiele für die erstere Einstellung geben die London and North Eastern Railway, die Great Western Railway, die Baltimore & Ohio Railroad, die Boston & Maine Railroad und die Belgischen Nationalbahnen. Diese Gesellschaften begnügen sich unter Verzicht auf ausgesprochene Stromlinienverkleidung vorläufig im Wesentlichen damit, die Außenflächen der Lokomotive, insbesondere die des Kessels, so glatt wie möglich zu halten. Der Engländer hat für solche Lokomotiven die Ausdrücke „partly streamlined" und „semi-streamlined" geprägt.

Eine derartige Zwischenlösung bringt zwar gewisse betriebstechnische Annehmlichkeiten mit sich, es ist aber nicht anzunehmen, daß sie allgemein Eingang finden wird. Durch möglichst vollkommene Stromlinienverkleidung werden bei hohen Geschwindigkeiten im Mittel 500 PS je Lokomotive eingespart. Zweifellos wird daher die Stromlinie künftig einen selbstverständlichen Begriff für den Schnellbahnverkehr bilden.

Unsere Bildreihe gibt einen Ueberblick über die bisherige Anwendung der Stromlinienform im Lokomotivbau.

Dr. Ewald.

Dampflokomotiven

mit teilweise stromlinienartiger Verkleidung

1930 2C2-Mitteldruck-Heißdampf-Vierzylinder-Verbund-Schnellzug-Lokomotive, Bauart Gresley der London & North Eastern Railway

Aus der Sammlung Kreutzer

1933 Entwurf einer 2C2-Heißdampf-Vierzylinder-Verbund-Schnellzug-Lokomotive, Bauart Henschel, für 150 km/h Geschwindigkeit

HENSCHEL - 5 - 1935

30

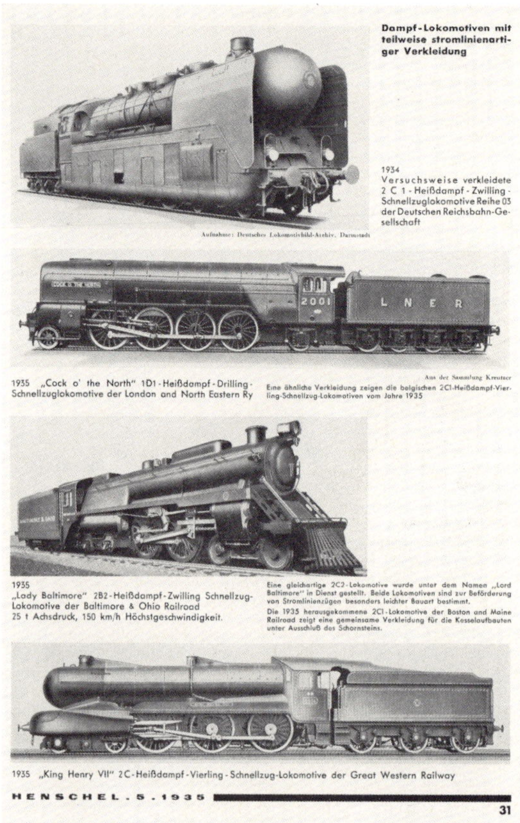
Dampf-Lokomotiven mit teilweise stromlinienartiger Verkleidung

1934
Versuchsweise verkleidete 2 C 1 - Heißdampf - Zwilling - Schnellzuglokomotive Reihe 03 der Deutschen Reichsbahn-Gesellschaft

Aufnahme: Deutsches Lokomotivbild-Archiv, Darmstadt

1935 „Cock o' the North" 1D1-Heißdampf-Drilling-Schnellzuglokomotive der London and North Eastern Ry

Aus der Sammlung Kreutzer

Eine ähnliche Verkleidung zeigen die belgischen 2C1-Heißdampf-Vierling-Schnellzug-Lokomotiven vom Jahre 1935

1935
„Lady Baltimore" 2B2-Heißdampf-Zwilling Schnellzug-Lokomotive der Baltimore & Ohio Railroad
25 t Achsdruck, 150 km/h Höchstgeschwindigkeit.

Eine gleichartige 2C2-Lokomotive wurde unter dem Namen „Lord Baltimore" in Dienst gestellt. Beide Lokomotiven sind zur Beförderung von Stromlinienzügen besonders leichter Bauart bestimmt.

Die 1935 herausgekommene 2C1-Lokomotive der Boston and Maine Railroad zeigt eine gemeinsame Verkleidung für die Kesselaufbauten unter Ausschluß des Schornsteins.

1935 „King Henry VII" 2C-Heißdampf-Vierling-Schnellzug-Lokomotive der Great Western Railway

HENSCHEL . 5 . 1935

31

Die Versuchslokomotive 03 154. Stirnansicht der 1934 von Borsig unter der Fabriknummer 14 474 mit seitlichen Schürzen und parabolischer Rauchkammerverkleidung erbauten Erprobungsmaschine. Der Anstrich erfolgte am 15. März 1934, die Abnahmeuntersuchung in Grunewald wurde am 14. April 1934 abgeschlossen. Aufnahme 1937 im Gelände der Versuchsabteilung.

Rund um die Stromlinie. Fortsetzung des Bildberichtes aus den „Henschel-Heften" vom Dezember 1935.

1933 Entwurf einer 2C2-Heißdampf-Vierzylinder-Verbund-Schnellzug-Lokomotive mit Oelfeuerung, Bauart Henschel, für 150 km/h Geschwindigkeit

1934 „Commodore Vanderbilt" 2C2-Heißdampf-Zwilling-Schnellzug-Lokomotive der New York Central Railroad (Umbau einer Regellokomotive)

Stromlinien-

Lokomotiven

1935
2C2-Heißdampf-Drilling-Schnellzuglokomotive Reihe 05 der Deutschen Reichsbahn-Gesellschaft.
Erreichte Höchstgeschwindigkeit 196 km/h.

1934 Elektrische $2C_0$-$C_0 2$-Lokomotive der Pennsylvania-Bahn

1935 1800 PS C_0-C_0 dieselelektrische Lokomotive der New York Central Railroad

HENSCHEL - 5 - 1935

32

1933 Entwurf eines leichten Dampfzuges mit 2B1-Zwilling-Lokomotive für 160 km/h, Bauart Henschel

Stromlinien-

Dampfzüge

1934 Der „Asia-Express" Dairen-Hsinking der Südmandschurischen Eisenbahn-Gesellschaft. Vorgesehene Höchstgeschwindigkeit 140 km/h.

Aus „Railway Age"

1934 Stromlinienzug der Japanischen Staatsbahnen mit umgebauter 2C1-Lokomotive der Regelbauart, 1067 mm Spur

1935 Leichter Stromlinienzug der Deutschen Reichsbahn-Gesellschaft mit 2C2-Heißdampf-Zwilling-Tender-Lokomotive Reihe 61, Henschel-Fabrik-Nr. 22500. Siehe Seite 7 und Ausschlagtafel dieses Heftes.

1935 Stromlinienzug der Lübeck-Büchener Eisenbahn-Gesellschaft. – Siehe Seite 16/17 u. Ausschlagtafel dieses Heftes.

HENSCHEL . 5 . 1935

33

Stromlinien-Dampfzüge

Das ungewöhnlich anmutende Zugende

1935 „Hiawatha"-Stromlinienzug der Chicago Milwaukee, St. Paul & Pacific Railroad mit 2B1-Heißdampf-Zwilling-Schnellzug-Lokomotive von 35 t Achsdruck

Aus „Railway Age"

1935 Stromlinienzug der Paris-Lyon-Mittelmeer-Bahn mit umgebauter 2B1-Vierzylinder-Verbund-Schnellzug-Lokomotive der Regelbauart

1935 „The Silver Jubilee" Stromlinienzug der London & North Eastern Railway mit Heißdampf-Drilling-Lokomotive

Aus „The Railway Gazette"

HENSCHEL - 5 - 1935

34

André Chapelon, dem französischen Chefkonstrukteur, hörten manche Kollegen den Rat, sie sollten sich lieber um die innere als um die äußere Stromlinie ihrer Maschinen bemühen. Er meinte damit, daß allein die strömungsgerechte Konstruktion von Dampfleitungen und Kanälen in Kessel und Dampfmaschine eine beträchtliche Leistungssteigerung ermögliche, und daß ein verdampfungsfreudiger Boiler sowie eine zum Verarbeiten größerer Dampfmengen geeignete Verbundmaschine das gewünschte Ergebnis wohl ebenso zeitigen werde. „Thermodynamik statt Aerodynamik“ war der Wahlspruch dieser Männer, die den Wunsch nach einer Stromschale oftmals als einen Eingriff in ihre Tätigkeit oder gar als Zweifel an ihren Fähigkeiten ansahen.

Diese Empfindlichkeit war zu einer Zeit, als das Automobil erstmals der Eisenbahn zu schaffen machte, und als bei den Bahnen daraufhin der Diesel-Schnelltriebwagen mit seinem Prestige der Dampflok den Rang abzulaufen drohte, nur zu verständlich, denn die meisten Stromlinienlokomotiven der dreißiger Jahre verdanken ihre Entstehung dem Willen in den Verkehrsabteilungen der einzelnen Verwaltungen, nicht nur das Tempo zu steigern, sondern auch optisch etwas mehr Aufhebens zu machen. Dabei brauchen wir nicht einmal auf die verkleideten Maschinen gewisser fernöstlicher Bahnen herabzublicken, deren Fahrgeschwindigkeit schon wegen des Gleises kaum 100 Stundenkilometer überschreiten konnte, sondern müssen nur an die Tenderlok T 12 mit Stromschale bei der Lübeck-Büchener Eisenbahn (siehe Seite 61) oder gar an die 03 193 der Reichsbahn (siehe Seite 16) denken, die ihre Entstehung — wenn auch nur zum kleinen Teil — sicherlich doch dem Wunsch verdankte, beim Ausfall einer 05-Schnellfahrlok gegenüber dem erwartungsvollen Publikum nicht mit einer gewöhnlichen Dampflokomotive dienen zu müssen, sondern wenigstens den Schein zu wahren.

Wie sehr dies gelang, erhellt auch die folgende Episode aus der Tätigkeit des für die Konstruktion der Dampflokomotiven im Reichsbahn-Zentralamt Berlin zuständigen Dezernenten, Abteilungspräsident Dr.-Ing. E. h. Richard Paul Wagner, dessen Leben und Werk die im gleichen Verlag erschienene „Geschichte der Einheits-Lokomotiven“ gewidmet ist.

Ungarische Stromlinien-Tenderlokomotiven. In Budapest 1936 gebaut, kam die kleine 2'B 2'-Stromlinienmaschine 242.002 der MAV sogar bis nach Wien Ost, wo 1937 unsere Aufnahme entstand.

„Badewannen"-Stromlinie in den USA. Eigenem Geschmack folgte die industrielle Formgebung jenseits des großen Teiches. Hier eine „Hudson"-Maschine der New York Central vor dem Schlafwagenzug „Commodore Vanderbilt".

Denn selbst dem Baudezernenten fiel es auf eine gewisse Entfernung schwer, die beiden 05er und die 03 193 auf Anhieb voneinander zu unterscheiden. Als im Dezember 1935 in Nürnberg die große Lokomotivparade zur Hundertjahrfeier der deutschen Eisenbahnen bevorstand, befand sich die 05 001 bereits dort. Zur Überführung ihrer Schnellzugwagen neuester Bauart von Berlin wählte man bei der Versuchsabteilung für Lokomotiven in Grunewald die 03 193 aus, weil deren Stromlinienverkleidung auch Ölspritzer von den gerade geputzten Waggons abhalten sollte.

Nachdem man diese Überführung ohne Zwischenfälle erledigt, die Maschine restauriert und gewendet hatte, stand sie zur Rückfahrt als zweite Lok außer der Planbespannung vor einem Schnellzug über Halle nach Berlin auf dem Nürnberger Hauptbahnhof bereit. Da stürzte ein atemloser R. P. Wagner auf den Bahnsteig und auf die Männer von der Versuchsabteilung zu, aufgeregt nachfragend, wer seine 05 vor diesen Zug gespannt habe, wo doch in wenigen Stunden die Parade stattfinde! Und erst als er näher herantrat und die Betriebsnummer erkennen konnte, glätteten sich die Zornesfalten im Gesicht des Dezernenten wieder, um Lachen Platz zu machen. —

Stromlinien-Dampfloks, das waren die Rennpferde im Stall der Deutschen Reichsbahn, sie bildeten eine Lokomotiv-Elite, die schon durch ihre Seltenheit besondere Aufmerksamkeit für sich beanspruchte. Mochte es sich nun um die Rekordloks der Reihe 05, um ihre Stellvertreterin 03 193 oder gar um den Prototyp 03 154 handeln, mochte man von den Stromlinien-Tenderloks für den Henschel-Wegmann-Zug oder für den H-L-Schnellverkehr zwischen den Hansestädten sprechen, stets war die Rede von raren Einzelstücken, deren Sichtung am Bahnsteig einem Ereignis und deren selbstgeschossene Fotografie einer Blauen Mauritius gleichkam. Zudem hat es ihnen auch an nachgerade teutonischer Tragik nicht gefehlt, in der nicht selten das einstige Wollen für das Erreichte zu stehen hatte. Denken wir etwa an die hochfliegenden Pläne mit der Lokomotive 05 003; als Einzelfall kann man ihre Geschichte nicht ansehen. Kostbarkeiten sind die Bilder vom Betriebseinsatz der unglücklichen Baureihe 06, die erst im Sommer 1939 auf die

Strecke kam, und Aufnahmen der verstärkten 61 002 vor ihrem Salonwagenzug sind gleich überhaupt nicht bekannt. Mit dem Beginn des Zweiten Weltkrieges, nach einer kaum fünf Jahre andauernden scheinbaren Blüte, war die Zeit der Stromlinienloks schon wieder vorüber, und nur einer doch über Unikate hinausgehenden Anzahl der beiden dreizylindrigen Pazifik-Reihen 01^{10} und 03^{10} ist es zu verdanken, daß hier einige wenige dokumentarische Lichtbilder auch außerhalb der Werkhallen entstanden sind. Noch während des Krieges fielen mit den Fahrgeschwindigkeiten auch die Stromschalen, und ihr baldiges Verschwinden hat nachher manche Legende von silbergrauen oder stahlblauen Superlokomotiven wachsen lassen.

An dieser Stelle heißt es, einzuhalten und einen Blick auch über den Zaun auf andere Disziplinen zu werfen. Nicht von ungefähr ist nämlich das Wort: Stromlinie, das ja die Formgebung auch in anderen Bereichen als allein bei der Eisenbahn meint, ist unter den ernsthaften Kennern von Kunst- und Kulturgeschichte Ausdruck auch für einen bestimmten politischen Zeitgeist geworden, der einen naiven technischen Fortschrittsglauben und die damit verbundene Ideologie der Volksgemeinschaft sehr wohl dafür zu benutzen wußte, um von der Realität einer an den materialistischen Widersprüchen und Konflikten reichen Gesellschaft abzulenken. Dort heißt Stromlinie die Verdeckung der sozialen Wirklichkeit hinter einer Fassade glatter Harmonie, fürwahr ein Handwerk, das die Machthaber seit 1933 zu beherrschen wußten: War man nicht stolz auf den mit der Lokomotive 05 002 erreichten Weltrekord, tilgte nicht auch er die Schmach von Versailles, fühlte sich nicht, wie es damals in der Fachpresse zu lesen war, das ganze deutsche Volk ausgezeichnet durch die Verleihung der Goldenen Verdienstmedaille der British Institution of Locomotive Engineers an R. P. Wagner im Sommer 1935, und sollten uns nicht Bilder von einer „majestätischen“ Lok der Type 03^{10} vor einem auch mit Flakwagen gespickten Führerzug im Anhalter Bahnhof nachdenken machen ob des martialischen und allzu selbstbewußten Gehabes anderen, gar heutigen Tages?

Mancher Leser wird diese Gedanken noch im-

Der „Asia Express“. Selbst die Mandschurei stand im weltweiten Stromlinienfieber nicht zurück und setzte zwischen Hsinking und Dairen einen Leichtschnellzug ein, dessen Wagenschild in die Ansichtskarte eingeblendet ist.

Holländische Stromlinienlokomotiven. Bei den Niederländischen Eisenbahnen behalf man sich zunächst mit dem Umbau der Reihe PO 3, einer älteren Henschel-Lieferung.

Meßfahrten mit der Lok 03 154. Vor dem Wagen der Versuchsabteilung für Lokomotiven steht die Maschine, noch ohne seitliche Windleitbleche, auf dem Hauptbahnhof Altona bereit. Die Rückfahrt nach Berlin steht kurz bevor; Aufnahme vom Sommer 1934.

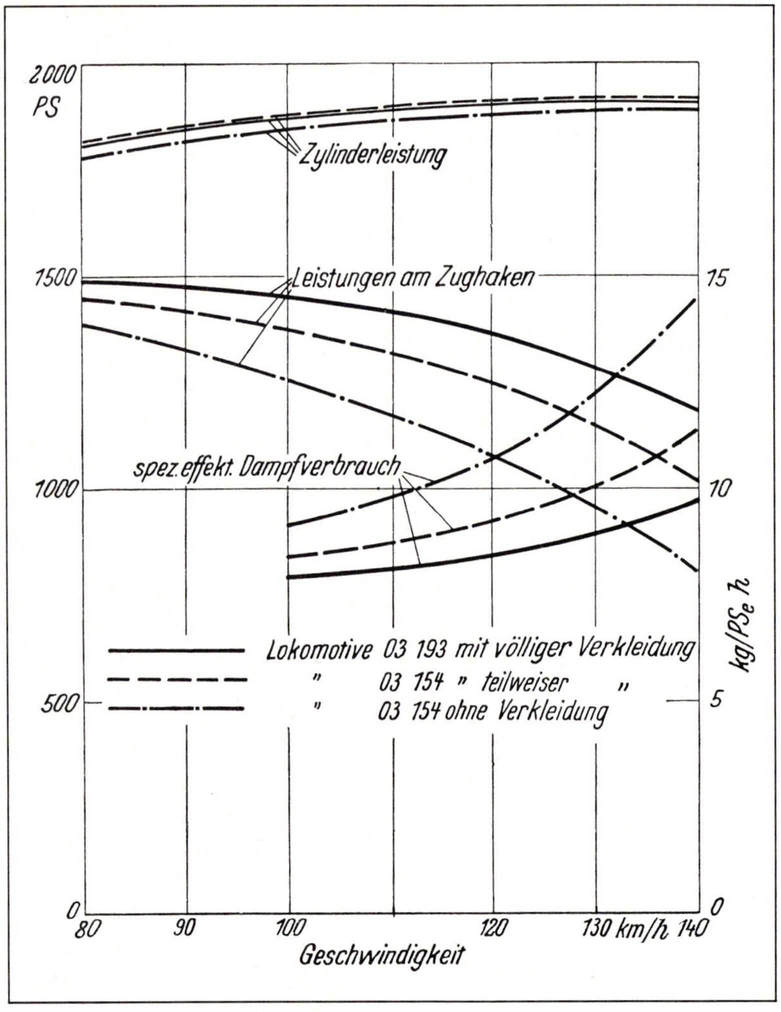

Zeichnung der Meßergebnisse. Hier nun sehen wir, was bei den Vergleichsversuchen zwischen einer unverkleideten 03, der teilverkleideten 03 154 und der vollständig mit einer Stromschale umgebenen Lok 03 193, also bei jeweils gleichem Kessel und Triebwerk, an Mehrleistung und Minderverbrauch herausgekommen ist. Wiedergabe nach einem Aufsatz des Versuchsdezernenten im Reichsbahn-Zentralamt Berlin, Professor Hans Nordmann.

mer nicht oder auch nicht mehr wahrhaben wollen, würde sie gern aus einem Erinnerungsbuch für Eisenbahnfreunde verbannt wissen wollen, um unkritischer Betrachtung Raum geben zu können. Doch vergessen wir nicht, daß der Reichsadler mit dem Hakenkreuz, wenn auch nur in Aluminium-Hohlguß hergestellt und daher Gegenstand mancherlei Gespötts, nicht von ungefähr den Bug vieler Stromlinien-Maschinen zierte, und schmähen wir auch den Richter nicht, der sich die gewerbliche Nachbildung dieses Emblems für die Spielzeugloks auf elektrischen Modelleisenbahnen nachhaltig verbat. Wir alle müssen uns davor hüten, die Stromlinie als ein isoliertes ästhetisch-technologisches Phänomen der dreißiger Jahre zu sehen, denn es ist ohne seine historischen Zusammenhänge nicht zu begreifen. Und es gilt auch, sich gerade bei der hier in Rede stehenden Epoche immer wieder an all die in den Strudel einer menschenverachtenden Politik einbezogenen Lokomotivfahrten zu erinnern, deren Ziele die Front, eine Rüstungsfabrik oder ein Lager gewesen sind. —

Bei den Arbeiten an diesem Buch wurde mir unschätzbare Hilfe zuteil von den Herren Dr. E. Born, D. A. Braitmaier, Th. Düring, Dr. H. J. Feißel, W. Fricke, K. Fr. Heck, Fr. Herrmann (†), Dr. E. Hock, A. Hofbauer, E. H. v. Kirchbach, J. B. Kronawitter, K. E. Maedel, H. Maey, W. Messerschmidt, G. H. Metzeltin, Dr. R. Roosen, P. Roth, Dr. G. Scheingraber, Dr. Th. Schlosser, H. H. Schmidt, E. Schörner, H. Troche, A. Ulmer, Dr. Fr. Weyer, H. J. Windberg und Fr. Witte. Ihnen und Frau E. Ewald danke ich ganz besonders herzlich. Ohne die Unterstützung, die das Werk durch das Archiv Bellingrodt, das Bundesarchiv, das Zentrale Bildarchiv der DB und das Verkehrsarchiv beim Verkehrsmuseum Nürnberg sowie die Lokomotivfabriken der Krauss-Maffei AG und der Thyssen Henschel AG erfuhr, wären vielfältige Aspekte unbeleuchtet geblieben. Schließlich sei auch der wie stets vertrauensvollen Zusammenarbeit mit dem Pressedienst in der Hauptverwaltung der Deutschen Bundesbahn, der Senckenbergischen Bibliothek sowie mit den Bilderdiensten des Süddeutschen Verlages und Ullstein dankbar gedacht.

A. G.

Versuchslokomotive 03 154 mit Windleitblechen. Schon nach wenigen Probefahrten ergab es sich, daß auch an der Versuchslok die bei den übrigen Einheitsschnellzugloks bewährten Windleitbleche angebracht werden mußten. Diese Maßnahme ist 1934 noch vom Herstellerwerk ausgeführt worden. Den Zustand der Maschine nach dem Ende der Vergleichsversuche zeigen die Abbildungen auf Seite 103.

Mit Modellen im Windkanal. Noch vor den Vergleichsfahrten mit den drei Bauformen der Reihe 03 fanden nähere Windkanalversuche mit Holzmodellen einer 2′C 2′-Dampflok in Göttingen statt, um bereits erste Zahlenwerte und einen Aufschluß über die bei der Schnellfahrgattung 05 zu wählende Form zu erhalten. Das Doppelmodell soll die durch das Gleis einwirkenden Einflüsse ausscheiden; rechts daneben verschiedene durchgemessene Schritte.

Stromlinien-Lokomotive 03 193. Hier nun die gleichzeitig mit den beiden Loks der Reihe 05 gebaute, ihnen äußerlich fast gleichende, leichte Schnellzuglok der Reihe 03 auf dem Borsig-Gelände in Hennigsdorf, Osthavelland, aufgenommen im Spätsommer 1935.

Die Lokomotive 03 193. Diese Maschine wurde nicht, wie mitunter angenommen, zur Erprobung der Stromschale für die Reihe 05 gebaut, sondern ist vielmehr, wie sich aus der Fabriknummer 15 554 ergibt, zugleich mit den beiden Lok 05 001 und 05 002 bei Borsig bestellt worden. Ihre Ablieferung am 27. September 1935 erfolgte sogar mit einiger Verspätung; die Abnahme in Grunewald schloß sich am 21. Dezember 1935 an. Aufgabe dieser Lokomotive war es einerseits, die beiden 05er im Plandienst zu vertreten, wenn diese für andere Aufgaben benötigt wurden, so daß die 03 193 auch den großen Tender 2′3 T 38 erhalten hatte.

Andererseits sollte sie in eingehenden Versuchen die im Windkanal für verschiedene Stufen der Verkleidung ermittelten Werte praktisch überprüfen lassen, ohne daß man an Kessel und Triebwerk gegenüber der herkömmlichen Reihe 03 etwas geändert hatte.

Betriebseinsatz der Lokomotive 03 193. Schon während der Olympiade 1936, als die Reihe 05 den wegen seiner Platzkapazität überlasteten „Fliegenden Hamburger“ mit einem lokbespannten Zug ersetzte, lief auch die vollständig verkleidete 03 in diesen Einsätzen. Hier nun ein Blick auf den Hamburger Hauptbahnhof im Jahre 1939, als die S 10-Schnellzuglok 32 der ehemaligen Lübeck-Büchener Bahn im Hintergrund bereits die Reichsbahnnummer 17 312 trug. Auch die 03 193 vor einem Berliner Schnellzug hat ihr Äußeres ein wenig verändert; oberhalb des Umlaufes sind nämlich für das Personal Griffstangen angebracht worden.

Auf Bahnhof Ludwigslust. Am 23. Mai 1937 befand sich die Maschine vor einem Schnellzug, in dem der kombinierte Post- und Packwagen auffällt, auf dem Wege in Richtung Berlin. Die Lokomotive 03 193 war gleichfalls dem Betriebswerk Altona zugeteilt, wo sie mit den beiden 05ern in einem Umlaufplan stand. 1941 wurde ihre Stromschale über dem Triebwerk ausgeschnitten, 1946 wurde die Verkleidung unterhalb des Umlaufes, 1950 dann der Rest entfernt. Erst 1968 musterte die Bundesbahn diese verdiente Lokomotive in Harburg aus.

05 001

Erstes Kapitel: Baureihe 05, die schnellste Dampflok der Welt

Vorspann mit der Schnellfahrlokomotive. Auch im gewöhnlichen Schnellzugdienst, wie hier als Vorspannlok vor einem der schweren, mit einer 01 als Planlok beförderten Berliner Schnellzüge, konnte man die Stromlinienlok 05 001 gelegentlich erblicken. Auffallend an diesem Bild vom Hauptbahnhof Hamburg ist auch das kleine Windschild vor der Pfeife; Sommer 1938.

Zunächst war sie von der Lokomotivindustrie als ein Forschungsprojekt, auch zur Erprobung von Schnellzugwagen, der Reichsbahn vorgeschlagen, doch schon bald wurde aus den Plänen zur Stromlinien-Schnellfahrlok der Baureihe 05 eines der ambitioniertesten Vorhaben der Verwaltung, galt es doch nun, mit dem alles überflügelnden Dieseltriebwagen wieder Schritt zu halten. Auf der anderen Seite ermöglichten es aber die wegen des „Fliegenden Hamburgers“ verlängerten Abstände zwischen Vor- und Hauptsignalen auf der Strecke zwischen der Reichshauptstadt und der Hansestadt an der Elbe überhaupt erst, auf Anhieb auch eine für Schnellfahrten der Dampflok geeignete Trasse zur Verfügung zu stellen.
1933 wurden also auf Anweisung der Hauptverwaltung durch die Reichsbahn-Zentralämter für Maschinenbau und für Einkauf die beiden Loks bei Borsig bestellt; zugleich — wie gesagt — mit der Lokomotive 03 193. Für den Entwurf zeichnete, jedenfalls nach außen hin, der Technische Direktor Max Widdecke verantwortlich, während intern die Konstruktion selbst von Adolf Wolff geleitet wurde. Der Bau der beiden Lokomotiven mit den Fabriknummern 14 552 und 14 553 wurde noch in den Tegeler Werkstätten ausgeführt, obwohl große Teile der Lokomotivabteilung damals bereits nach Hennigsdorf verlegt waren. Als Farbton für den Anstrich wurde erstmals ein werbendes Rot, im unteren Teil um eine Schattierung dunkler als am Kessel, vorgesehen. Als Daten für den Schlußanstrich, auf den wenige Tage später jeweils die Übergabe an die Reichsbahn folgte, sind bei 05 001 der 5. 3. 1935 und bei 05 002 der 24. 4. 1935 eingetragen. Die endgültigen Abnahmen durch das für die Erhaltung zuständige Reichsbahn-Ausbesserungswerk Braunschweig folgten am 13. 6. 1935 und am 30. 9. 1935. Laut Vertrag mit dem Lieferwerk waren als Stückpreis damals 265 200 Reichsmark fällig. Sodann war ihre Überweisung zum Betriebswerk Altona vorgesehen, doch forderten zunächst noch die Nürnberger Jubiläumsausstellung sowie Meß- und Propagandafahrten ihren Tribut. Die folgenden Abbildungen können nur einen bescheidenen Ausschnitt aus dem bewegten Schicksal dieser Maschine wiedergeben; es ist beabsichtigt, ihnen noch bei verschiedenen Gelegenheiten eine ausführliche Würdigung angedeihen zu lassen.

Borsig-Reklame vom Frühjahr 1935. Noch während die Stromlinienloks der Reihe 05 im Bau waren, ließ die Lieferfirma in ihren Annoncen Bilder der Kuppelradsätze und vom Aufachsen der Maschine erscheinen. Sie geben Aufschluß über die Kröpfungen für das Innentriebwerk und über die Form des Kessels vor dem Anbringen der Verkleidung.

Konstruktionsbesprechung vor der Lok. In einem Film über den Bau der Lokomotiv-Baureihe 05 bei Borsig ließ die Reichsbahn auch ihre zuständigen Männer, nämlich den Zentralamts-Dezernenten Wagner (ganz rechts) und den Referenten für Dampflokomotiven in der Hauptverwaltung, Fuchs (zweiter von rechts), auftreten und einen Rundgang um die noch nicht fertiggestellte Lok machen.

Kleine und große Wunder der Technik

K.I.Z. Nr. 11. v. 16. 3. 35

175 Kilometer in der Stunde: Die neue Stromlinienlokomotive der Reichsbahn, die soeben in den Borsigwerken fertiggestellt wurde. Auch der Räderteil ist hier völlig verkleidet, aber durch Rolladen- und Klappfenster (siehe Bild rechts) zu erreichen. Die Riesenlokomotive ist 26 Meter lang und hat (ohne Tender) 14 Räder; die drei Treibräderpaare haben einen Raddurchmesser von 2⅓ Meter

Aufnahmen: Hoffmann (2), Wide World, Presse-Bild-Zentrale (2)

Links: Auf Werksprobefahrt. Dieses Bild, gegen Ende des Jahres 1934 im Hof des Tegeler Geländes mit seinem charakteristischen Wasserturm aufgenommen, zeigt die Maschine 05 001 im noch unverkleideten Zustand bei einer ersten Prüfung ihrer Funktionstüchtigkeit.

Die Presse wird informiert. Es entsprach der journalistischen Praxis der dreißiger Jahre, bei vorhersehbaren Ereignissen den Zeitungen schon vorab Bilder von der Generalprobe zur Verfügung zu stellen, damit diese dann pünktlich erscheinen konnten. Wir erblicken hier — in einem Ausschnitt aus der Kölnischen Illustrierten Zeitung vom 16. März 1935 — zwei Bilder aus der letzten Februarwoche, als die Lok 05 001 noch den graubraunen Grundanstrich trug. Wie es bei der Übergabe an die Reichsbahn an einem verschneiten 8. März 1935 tatsächlich zuging, zeigen uns — nach zwei Einstellungen von Probefahrten im Berliner Norden — die auf den Seiten 22, 23 und 26 folgenden Ausschnitte aus dem schon genannten Film.

05 001

05 001

05 001

05 001

05 001

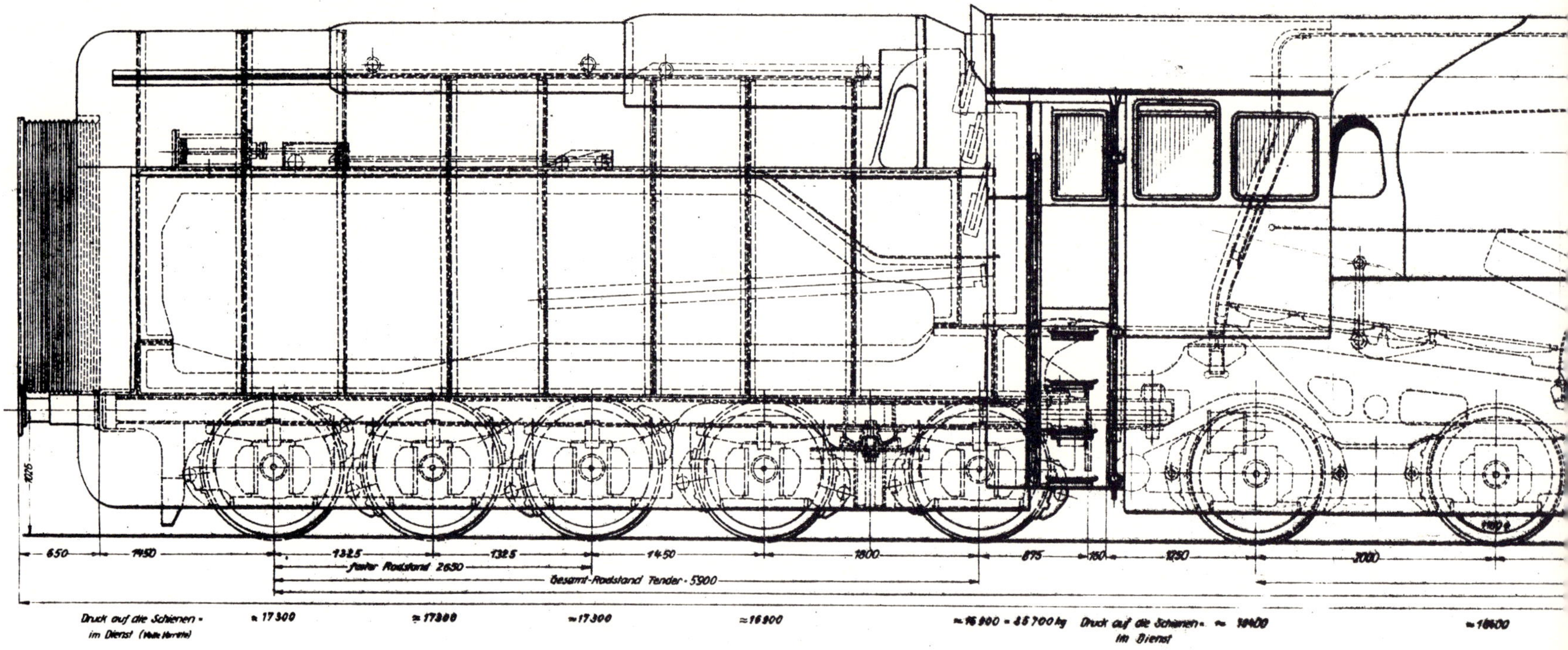

Endgültiger Entwurf (oben) und schließliche Ausführung (unten) der Baureihe 05.

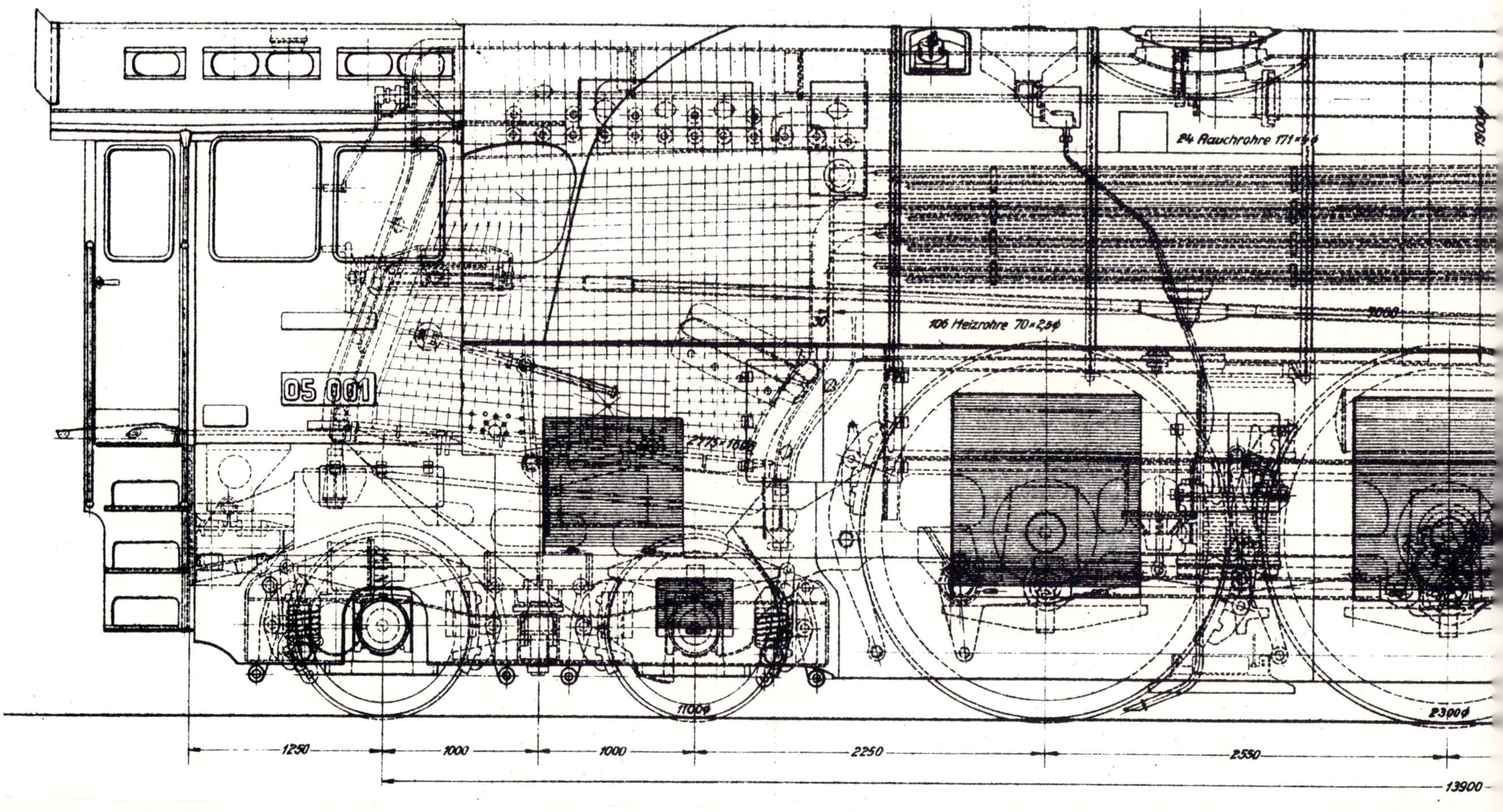

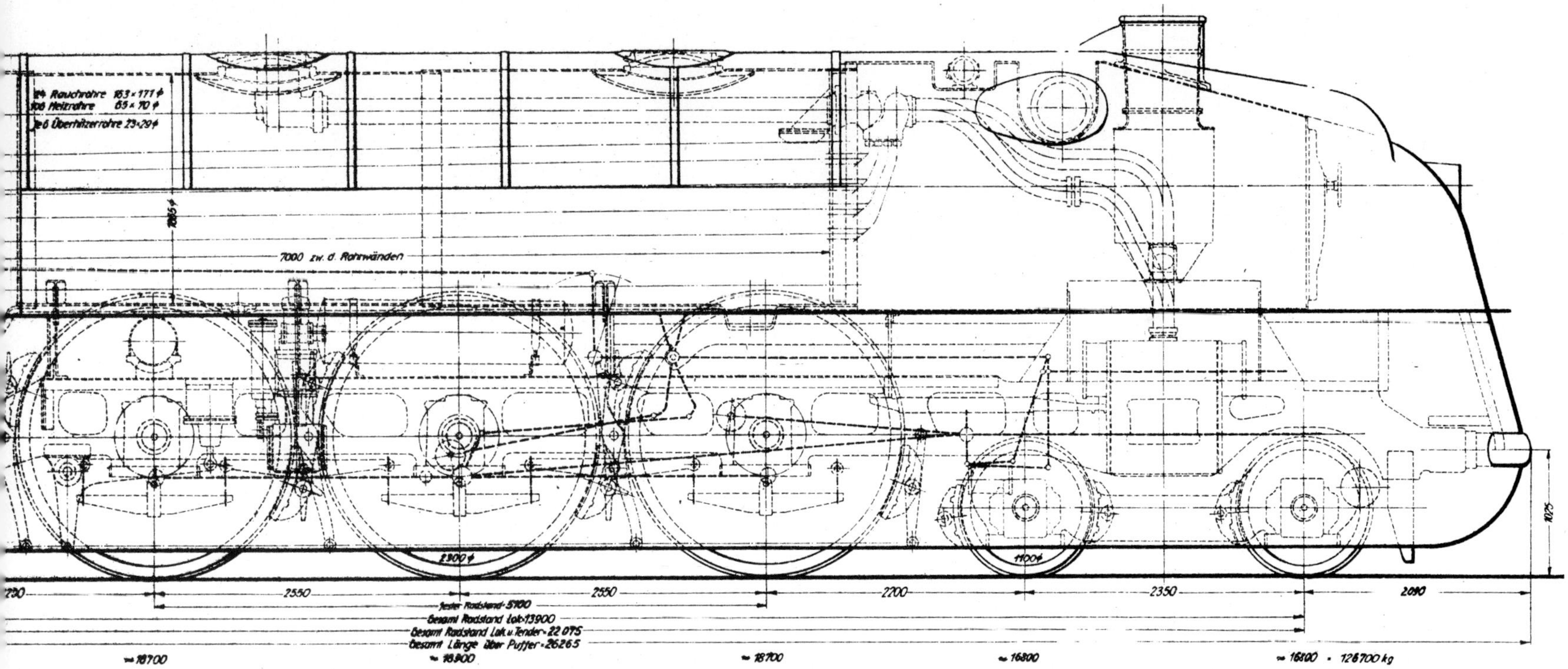

24 Rauchrohre 163 × 171 ϕ
106 Heizrohre 65 × 70 ϕ
24 6 Überhitzerrohre 23 × 29 ϕ
7000 zw. d. Rohrwänden
2300 ϕ
1100 ϕ
2550
2550
2200
2350
2090
fester Radstand = 5100
Gesamt Radstand Lok = 13900
Gesamt Radstand Lok u. Tender = 22 075
Gesamt Länge über Puffer = 26265
≈ 18700
≈ 18900
≈ 18700
≈ 16800
≈ 16800 = 128700 kg

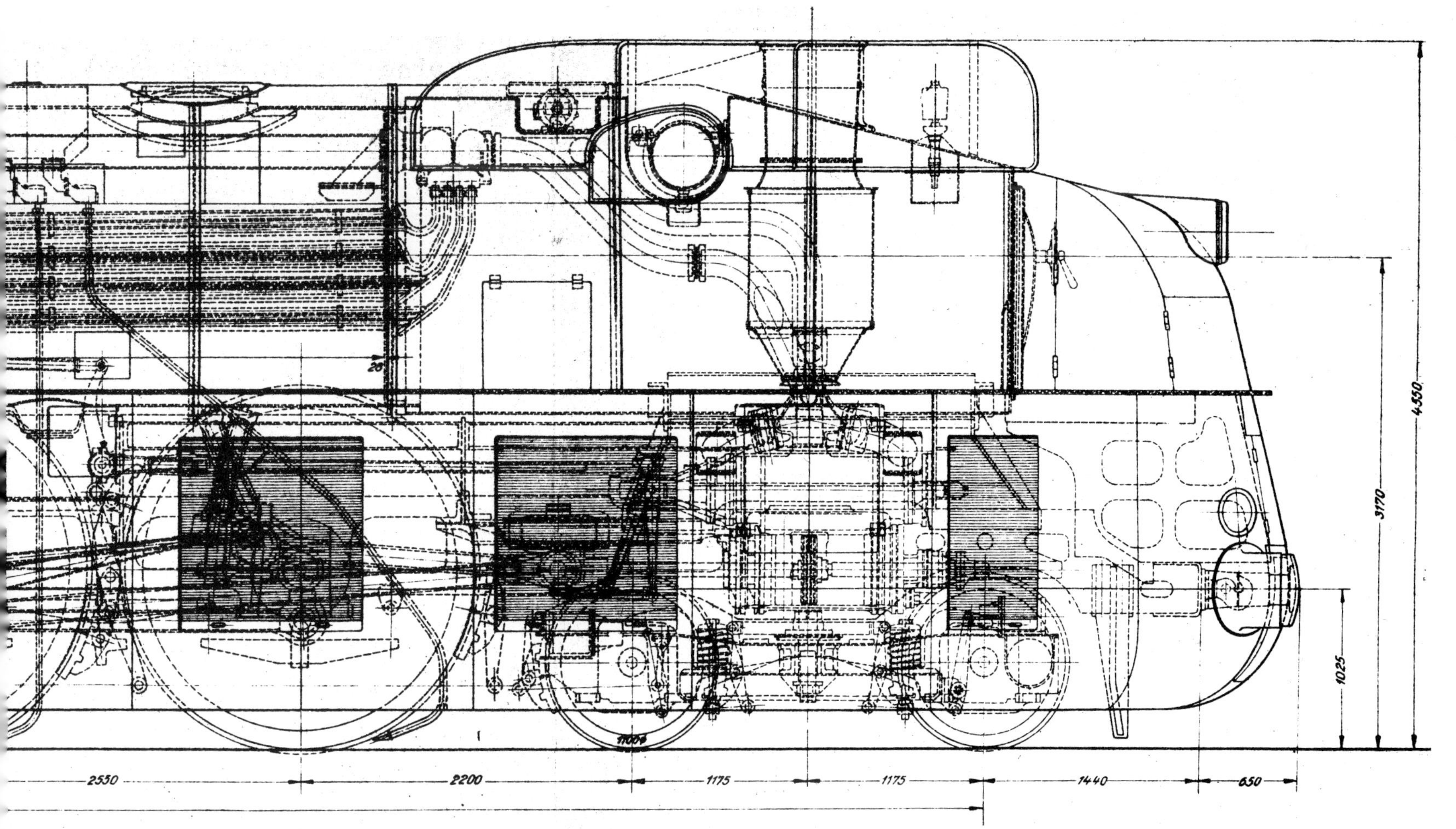

1100 ϕ
2550
2200
1175
1175
1440
650
4550
3170
1025

05 001

05 001
IA-15567

05 001

05 001

Blick in den Führerstand. Bereits mit allerhand Apparaturen und Meßleitungen bestückt, präsentiert sich hier der Führerstand der Baureihe 05.

Vor dem Meßwagen. Es war selbstverständlich, daß die Schnellfahrlokomotive vor der Übergabe an den Betrieb erst einmal gründlich von der Versuchsabteilung für Lokomotiven in Grunewald durchgeprobt werden sollte. Dazu spannte man sie vor den Meßwagen 3 und ließ sie auf der für hohe Geschwindigkeiten bereits eingerichteten Strecke Berlin — Hamburg laufen. Aufnahme vom März 1935 in Altona.

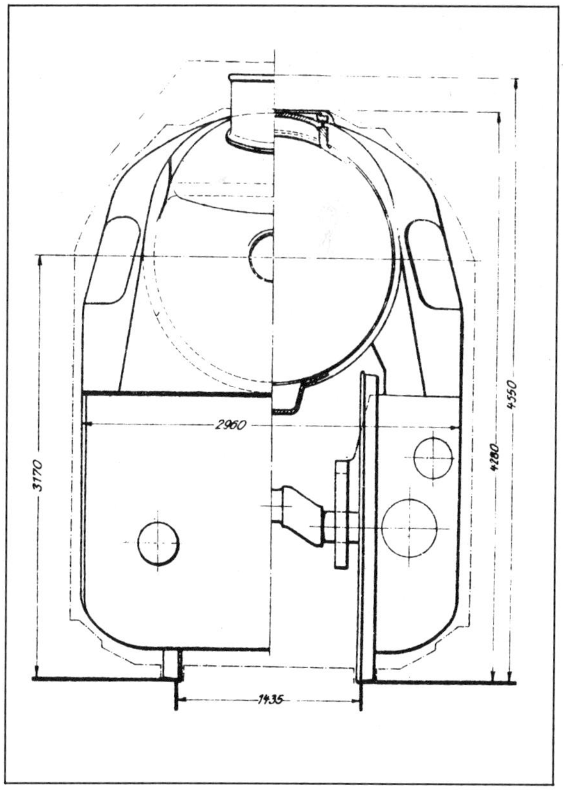

Stirnansicht der Baureihe 05. Zu der auf den Seiten 24 und 25 oben wiedergegebenen Längsansicht.

Auf der Nürnberger Jubiläumsausstellung. Gemeinsam mit der Lok 61 001 bildete die Maschine 05 001 einen der Hauptanziehungspunkte auf der Leistungsschau „Hundert Jahre deutsche Eisenbahnen" im Sommer 1935. Siehe auch die Abbildung auf Seite 43 unten.

Im Betriebseinsatz auf der Reichsbahn-Paradestrecke. Eine meisterliche Aufnahme von Carl Bellingrodt mit der Lok 05 002 und dem Zug FD 23 Altona — Berlin; auf Bahnhof Aumühle vor den Toren Hamburgs, 1938 aufgenommen.

Auf der Lombardsbrücke. Hier einmal, dargestellt am Beispiel des FD 23 im Jahre 1939, der von den Stromlinienloks beförderte Zug in typischer Zusammenstellung: Vier bis fünf moderne, aber nicht windschnittige Personenwagen, dazu der Mitropa-Speisewagen.

Im Schnellzugdienst. Mit beschleunigten Schnellzügen, die vor allem durch einen beigestellten kombinierten Post- und Gepäckwagen (PwPost 4 ü—28) auffielen, war die Maschine 05 002 gleichfalls häufig zu sehen. Einfahrt vor einem solchen Zug nach Berlin in Hamburg-Dammtorbahnhof im Sommer 1938.

Auf Rekordfahrt. So sahen die Züge mit dem Meßwagen aus, in denen man 1935 und 1936 beharrlich den Geschwindigkeitsbereich über 175 Stundenkilometer erforschte. Bei dem Meßwagen 3 handelte es sich um den ehemaligen Hofsalonwagen der Kaiserin, der wegen seiner großen Laufruhe entsprechend umgebaut worden war.
Und am 11. Mai 1936, anläßlich einer großen Vorführungsfahrt mit weit über hundert prominenten Gästen an Bord, gelang es tatsächlich, die Marke von 200,3 Stundenkilometern zu erreichen. Das persönliche Erinnerungsblatt von Reichsbahn-Generaldirektor Dorpmüller und die stolze Borsig-Anzeige aus „Glasers Annalen“ vom Sommer 1936 sind zwei besondere Andenken an diesen Weltrekord.

Nach dem Kriege. Durch die Kriegsereignisse erheblich beschädigt, befanden sich die Schnellfahrloks der Reihe 05 in den westlichen Besatzungszonen. Nachdem erst einmal die wichtigsten Bedürfnisse des Betriebes gedeckt waren, ließ die Bundesbahn ab 1949 auch diese drei Maschinen — nun aber ohne Verkleidung — wieder instandsetzen. Das Bild zeigt die Lok 05 002 am 26. April 1950 nach ihrem Eintreffen bei Krauss-Maffei, wo auch ihr Konstrukteur, Adolf Wolff, inzwischen arbeitete. 1958 sind dann die drei Loks beim Bahnbetriebswerk Hamm endgültig ausgemustert worden; die Maschine 05 001 kam in das Verkehrsmuseum Nürnberg.

Zur Jahrhundertfeier auf der Sonderbriefmarke. Nach einem Entwurf des Münchner Malers Diebitsch wurde diese Freimarke für 40 Pfennig mit der Lok 05 001 als Motiv herausgebracht.

Überaus reich ist die Geschichte der Stromlinienlokomotiven an fast tragisch zu nennenden Schicksalen einzelner Maschinen. Gewiß, hier wurde Neuland beschritten, und mancherlei Erfahrungen waren erst zu machen, doch auch an möglicherweise vermeidbaren Irrtümern hat es nicht gefehlt. Denken wir nur an die Lokomotive 05 003, die 1933 zugleich mit den beiden Schwestermaschinen unter der Fabriknummer 14 555 bei Borsig in Auftrag gegeben worden war. Sie sollte das gleiche Leistungsprogramm erfüllen, wegen der hohen Geschwindigkeiten aber versuchsweise einen vornliegenden Führerstand wie eine Elektrolok erhalten. Man dachte also in den gleichen Bahnen wie weiland Wittfeld und Kuhn.

Um indes den Lokführer und den Heizer nicht voneinander trennen zu müssen, um andererseits aber auch die Kesselbedienung ohne Fernsteuerung vornehmen zu können, wurde nämlich die ganze Maschine so gedreht, daß nun Zylinder und Kamin hinten, der Stehkessel und die Feuerung aber vorn lagen. Da der Tender aber nachlaufen sollte und Öl als Brennstoff ausschied, entschloß man sich ein wenig risikofreudig zur Verfeuerung von Steinkohlenstaub, zudem noch einer recht speziellen Sorte. Zwar bescherten all diese Umstände der Lokomotive 05 003 den ersten Kessel der Reichsbahn mit Verbrennungskammer und nur 5500 mm langen Rohren, doch konnten auch diese Merkmale nichts an dem fast völligen Versagen des Gesamtkonzeptes mehr ändern. Die langen Förderwege des unglücklicherweise in seinem Verhältnis nicht variablen Staub-Luft-Gemisches, eine ungünstige Position der Förderturbine, die Einführung des Brennstoffes in die Feuerbüchse an der Stiefelknechtplatte, dazu noch eine durch die Stromschale behinderte Zuführung von Verbrennungsluft, machten es den Grunewalder Versuchspersonalen unmöglich, bei Tempo den Kesseldruck zu halten: Der Staub fiel in den Leitungen aus, die Verbrennung war unvollständig und führte zur Ablagerung in der Brennkammer, schließlich neigte auch die Kohle zur Schlackenbildung.

Zur Borsig-Jahrhundertfeier am 22. Juli 1937 in Anwesenheit von Verkehrsminister Dorpmüller erstmals öffentlich vorgestellt, war die Maschine im Herbst des Jahres in den Versuchsbetrieb gegangen. Bis zum Sommer 1940 experimentierte man nun, baute auch Förderturbine, Staubleitungen und Feuerraum mehrfach um; dann wurden die Tests als nicht kriegswichtig abgebrochen. Als nach dem großen Kriegslokprogramm in den Fabriken wieder gewisse Kapazitäten frei wurden, ließ die Reichsbahn sie 1944 wegen des Mangels an Schnellzugmaschinen umdrehen und in die Regelausführung mit Rostfeuerung umbauen. Erst in dieser Form ist sie im Februar 1945 beim Lieferwerk Borsig abgenommen und nach Altona überwiesen worden. Ob sie dort noch Zugleistungen erbracht hat, ist zweifelhaft. 1950 hat sie die Bundesbahn wieder in Betrieb genommen und noch bis zum 14. Juli 1958 in Hamm laufen lassen.

Noch ohne Stromlinienverkleidung. Deutlich läßt diese Aufnahme aus Hennigsdorf die Gesamtanordnung mit hintenliegendem Triebwerk und Kamin erkennen. Beide Drehgestelle haben Innenlagerung erhalten.

Vor dem endgültigen Anstrich. Noch fehlen einige Klappen und der letzte Lack, doch der Borsig-Arbeiter steht bereits wie der Lokführer auf rasender Fahrt in Positur.

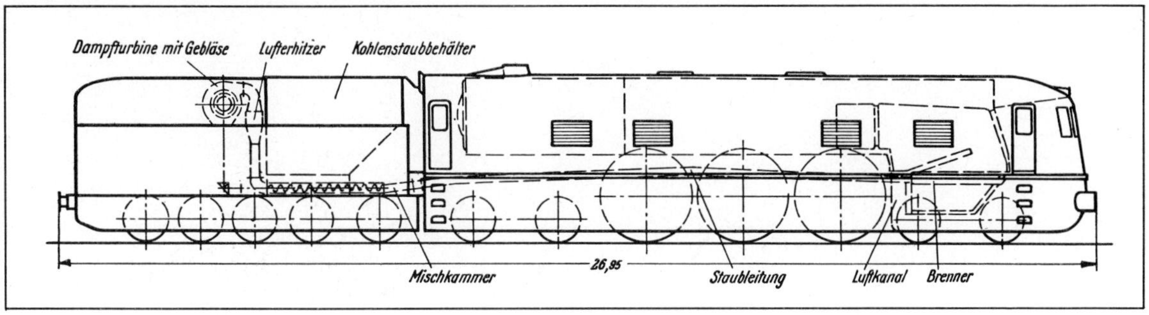

Die Kohlenstaub-Sonderbauart 05 003. Übersicht und vereinfachtes Arbeitsschema dieser Schnellfahrlok mit vornliegendem Führerhaus. Zustand bei Lieferung.

Ein Jubiläum mit der Baureihe 05. 1937 steht zum Jubiläum der Borsig-Lokomotiv-Werke gerade die Stromlinien-Kohlenstaublokomotive 05 003 zur Ablieferung bereit. Die Aufnahme zeigt wieder den Schornstein sowie am Tender die Einfüllöffnungen für den Brennstoff und das Lüftergitter am Fördergebläse für den Kohlenstaub.

Dreimal Lokomotive 05 003. Betrachten wir zunächst noch einmal die Maschine in ihrer Ausführung vom Sommer 1937, wie sie sich in einem Werkfoto darstellt. Diese Bauart hat sich aber nicht bewährt, und so baute sie das Lieferwerk 1944 in die Regelausführung um. Nun kam ihrem Aussehen die Innenlagerung der Drehgestelle sehr zustatten. Schließlich brachte man auch noch einen gewissen Sichtschutz sowie den martialischen Tarnanstrich an, mit dem die Lok endlich im Februar 1945 von der Reichsbahn abgenommen wurde.

Zweites Kapitel: Der Henschel-Wegmann-Zug und seine Lokomotive 61 001

Anfangs noch als einfaches Gegenstück zum „Fliegenden Hamburger“ entworfen, dessen importiertem Dieselöl man den Gebrauch heimischer Steinkohle entgegensetzen wollte, erwuchs aus der Idee der beiden Kasseler Firmen Henschel und Wegmann alsbald ein ganz eigenständiges Vorhaben, in dem man eben wegen der größeren Leistungsfähigkeit der Dampflok mehr bieten wollte als in dem spartanischen, weil leichten Triebwagen. Geschlossene Abteile, ein separater Speiseraum und gar eine kleine Aussichtsstube ließen sich in den vier Wagen des Wegmann-Salonzuges bequem unterbringen.

Die Maschine 61 001 wurde vom Werk mit der prominenten Fabriknummer 22 500 belegt. Chefkonstrukteur Georg Heise, kurz vor der Pensionierung stehend, kümmerte sich noch selbst um den Entwurf, an dem auch Knipping wirkte. Den Schlußanstrich hat man am 9. Mai 1935 aufgetragen, die Abnahme in Grunewald erfolgte aber erst am 25. März 1936. Dafür hat die Reichsbahn 220 100 Reichsmark entrichtet, der Zug kostete nochmals eine knappe halbe Million. Die Ausstellung in Nürnberg und vielfältige Probefahrten waren vorangegangen; vor seiner Überstellung in den planmäßigen Einsatz diente der Zug auch ausländischen Staatsbesuchern zur Beförderung. Über den Einsatz des Henschel-Wegmann-Zuges zwischen Dresden und Berlin sowie über mancherlei Skurriles aus dem Betrieb mit seiner Dampflokomotive wird weiter unten noch aus berufenerem Munde berichtet werden. Dort ist festgestellt, daß es auch mit dieser Maschine Probleme gegeben hat, und doch ist ihr, als einem lebhaften Farbtupfer im Fahrzeugpark der Reichsbahn, aus der heutigen Sicht ein guter Ruf gewiß.

Erste Entwürfe. Sogleich erkennt man bei dieser Projektskizze eines leichten Dampfzuges mit 2'B 1'-Lokomotive für 160 Stundenkilometer den Blick nach dem „Fliegenden Hamburger“. Henschel-Zeichnung aus dem Jahre 1933.

Vor der Fertigstellung der Lok 61 001. Und so hatte sich bis zum Jahreswechsel 1934/35 das Konzept gewandelt: Eine höhere Schleppleistung und gleiche Laufeigenschaften nach beiden Fahrtrichtungen waren die Forderungen, die zur 2'C 2'-Bauart geführt hatten. Aufnahme in den Kasseler Henschel-Werken beim Anbringen der Stromschale.

Entwicklung und Ablieferung der Stromlinien-Tenderlokomotive. Oben eine Konstruktionsskizze vom 27. März 1934, die noch ein offenes Triebwerk sowie eine parabelförmige Verkleidung mit schräg abfallenden Wasserkästen vorsah, in der Anordnung der Hauptbauteile aber schon die endgültige Ausführung erkennen läßt. Darunter links der Blick auf Führer- und Heizerstand am Stehkessel, rechts die Ansicht des Führerstandes für Rückwärtsfahrt. Beide Bilder nach Abbildungen in den „Henschel-Heften" von 1935.

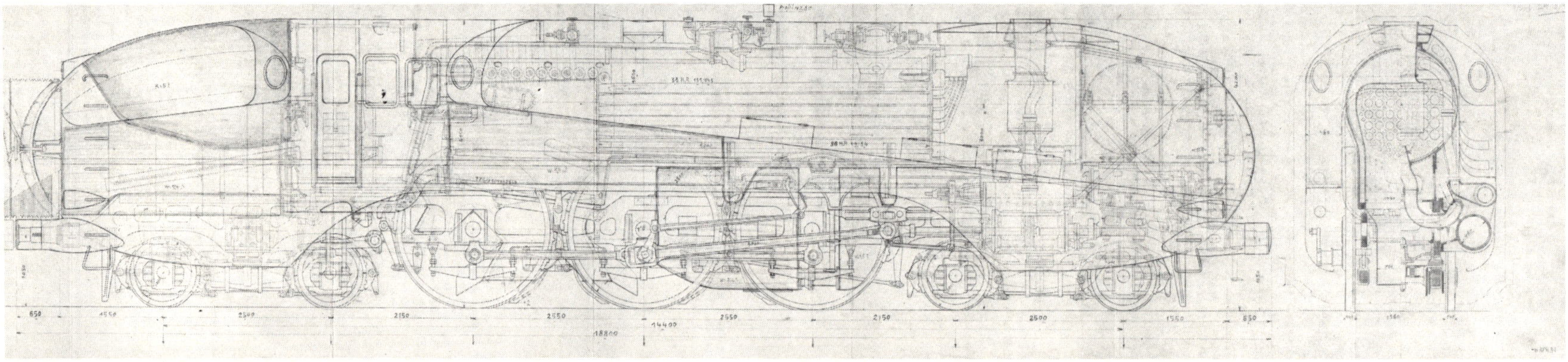

Auf dem Werkshof in Kassel. Zunächst ein Blick auf die Lokomotive 61 001 in ruhiger Pose auf der Drehscheibe des Henschel-Werkes, hier auf die Heizerseite mit der vornliegenden Führerstandstür. Darunter ein weiterer Schnappschuß von zur Ablieferung anstehenden Henschel-Maschinen, nämlich der 01 138, der 61 001, einer Elna 6 und der 44 012.

Erste Probefahrten. Noch ohne Beheimatungsschilder, an eine andere Dampflok gekuppelt, präsentiert sich uns die Maschine 61 001 im Jahre 1935 von der Führerseite. Hier ist nun die Führerhaustür, da sich die beiden Führerstände diagonal gegenüberlagen, wie üblich hinten.

Die gewaltigen Kuppelradsätze der 61 001. Der Durchmesser von Rädern der Schnellzugloks im Verhältnis zur Größe eines Arbeiters war damals ein beliebtes Thema der Werbegestalter. Das Bild läßt darüber hinaus erkennen, daß für die 61 001, anders als für die dreizylindrige Reihe 05, natürlich keine Kropfachsen vonnöten waren.

Werksprobefahrten in der Nähe von Kassel. Am Güterbahnhof Kassel-Unterstadt, wo die Strecke von den Henschel-Werken in die Betriebsgleise der Reichsbahn einmündete, hatte sich Rudolf Kreutzer postiert, um die neue Stromlinien-Tenderlok für die „Henschel-Hefte" auf die Platte zu bannen.

Der Holländische Platz in Kassel, Ende Mai 1935. Über fünfundzwanzigtausend Henschel-Lokomotiven haben auf diesem Weg durch die Stadt das Werk verlassen, boten den Anwohnern ein immer wiederkehrendes Spektakel. Natürlich fiel die farbenfroh violett, weiß und silbern lackierte Stromlinien-Tenderlok besonders auf.

„Alte und neue Zeit: Kaffeebrenner und Stromlinienlokomotive“. So lautete die Unterschrift zu diesem Bild bei seinem ersten Erscheinen in den Henschel-Heften von 1935. Es zeigt die Abgabe der Lok mit dem angekuppelten Wegmann-Zug am 31. Mai 1935 an die Reichsbahn, die sie nun zur Versuchsabteilung Grunewald überführte.

Übersichtszeichnungen der Stromlinien-Schnellfahr-Tenderlokomotive 61 001, Erbauer Henschel & Sohn AG, Baujahr 1935, Fabriknummer 22 500. Rechts oben das auf der Zylinderverkleidung angebrachte Schild des Lieferers.

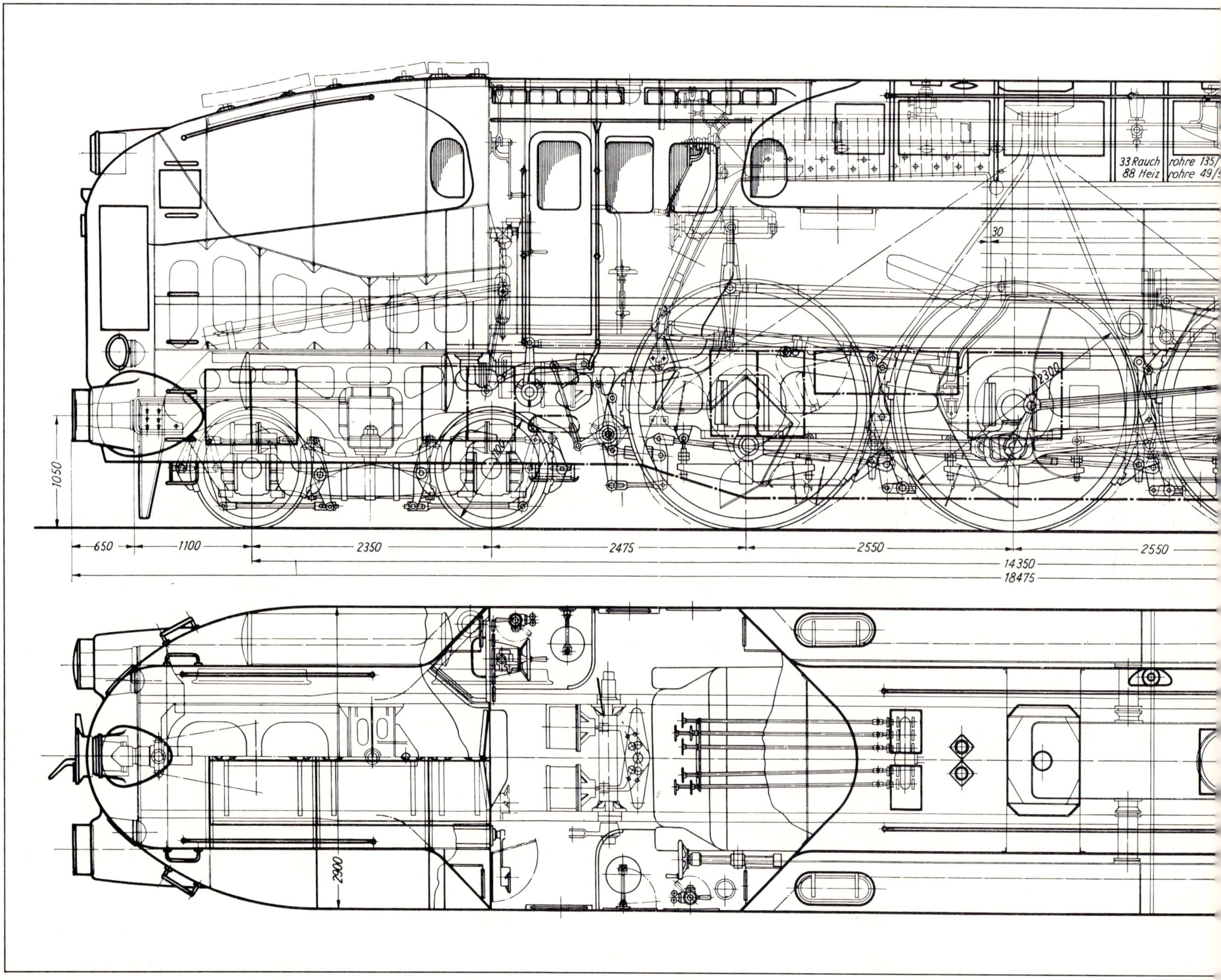

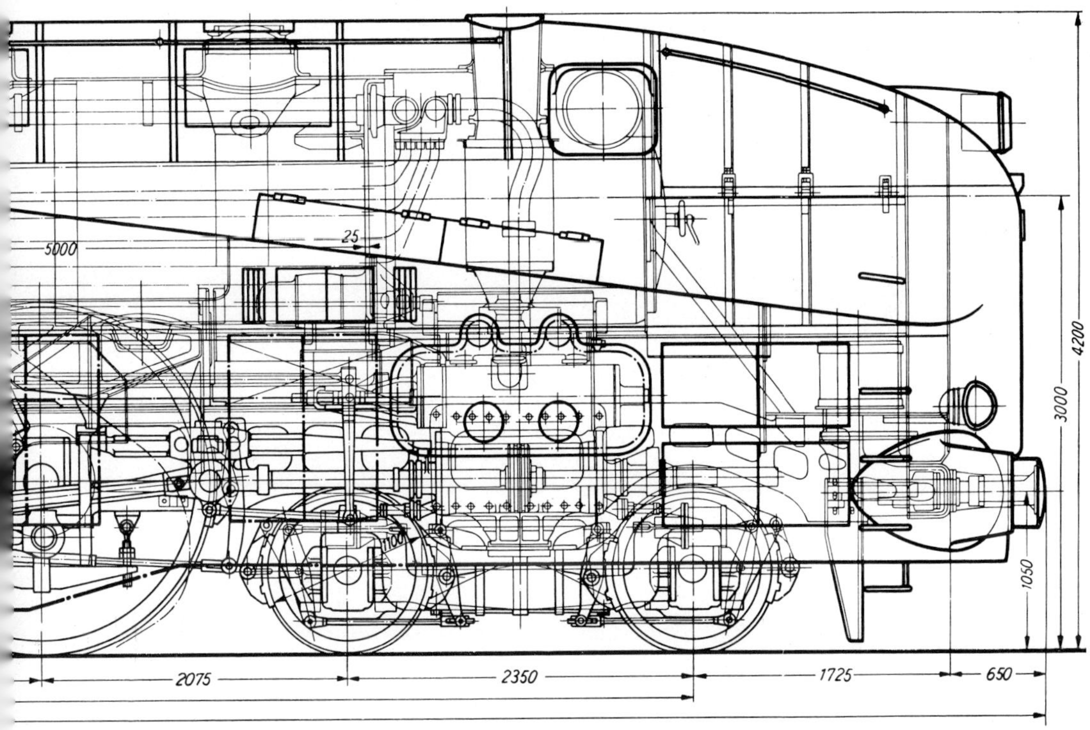

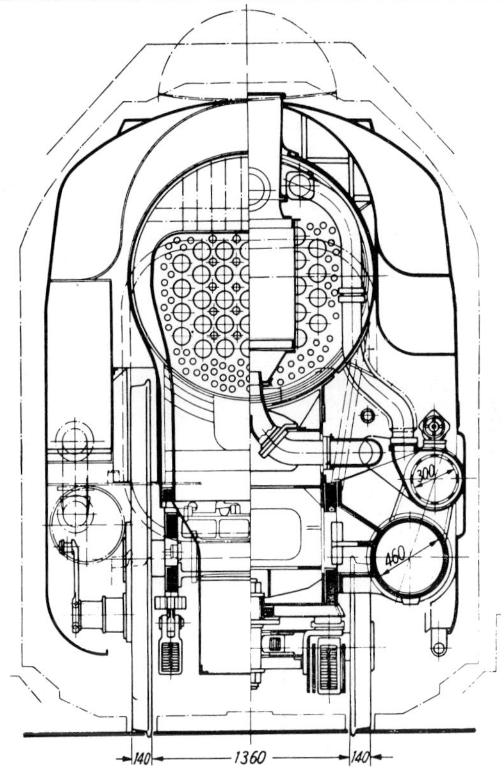

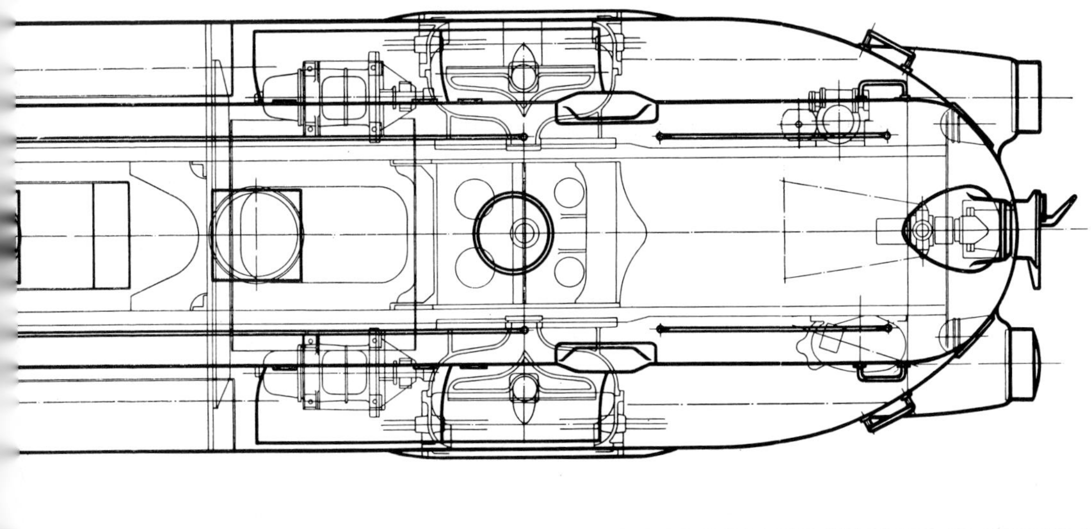

HAUPTABMESSUNGEN:

Zylinderdurchmesser	460 mm
Kolbenhub	750 mm
Treibraddurchmesser	2300 mm
Laufraddurchmesser	1100 mm
Fester Radstand	5100 mm
Gesamtradstand	14350 mm
Kesseldruck	20 atü
Rostfläche	2,75 m²
Heizfläche der Feuerbüchse, feuerberührt	14,2 m²
Heizfläche der Rohre, feuerberührt	137,7 m²
Heizfläche des Kessels	151,9 m²
Heizfläche des Überhitzers	69,2 m²
Heizfläche des Vorwärmers	8,6 m²
Wasservorrat	17 m³
Kohlenvorrat	5 t
Leergewicht	99,7 t
Dienstgewicht	128,3 t
Reibungsgewicht	55,6 t
Wasserinhalt des Kessels	6 m³
Dampfraum des Kessels	2,7 m³
Verdampfungsoberfläche	9,86 m²
Größte Geschwindigkeit	175 km/h
Kleinster Krümmungshalbmesser	180 m

Der Henschel-Wegmann-Zug. Rechts ein Blick aus dem kleinen Aussichtsabteil an der Zugspitze auf die herrannahende Lokomotive 61 001 bei der Ablieferung in Kassel, unten eine Aufnahme während der Überführungsfahrt in der Nähe von Berlin. Schon hatten vorsichtige Männer von der Versuchsabteilung die Klappen über der Gleitbahn entfernt, um mit der Kühlung auf dieser ersten Fuhre kein Risko einzugehen.

Der Zug im Sommer 1935. Links zunächst noch ein Bild von der Überführungsfahrt am 31. Mai 1935, hier der Zwischenhalt zum Wassernehmen in Magdeburg. Der Lokführer ist mit seiner Ölkanne unterwegs. Auf dem Nebengleis eine Elektrolokomotive der Reihe E 05.
Darunter der komplette Henschel-Wegmann-Zug auf der Nürnberger Jahrhundertausstellung in den Güterhallen an der Allersberger Straße, wo er vom 14. Juli 1935 bis zum 13. Oktober 1935 der Öffentlichkeit gezeigt wurde.

Vorführungsfahrten mit dem Henschel-Wegmann-Zug. Es sollte noch über ein Jahr dauern, ehe der Zug in einen fahrplanmäßigen Verkehr eingestellt wurde. Links eine Aufnahme aus dem Sachsenwald während der Demonstration zwischen Berlin und Hamburg am 25. Februar 1936, darunter ein Bild aus Hannover vom 9. November 1935.

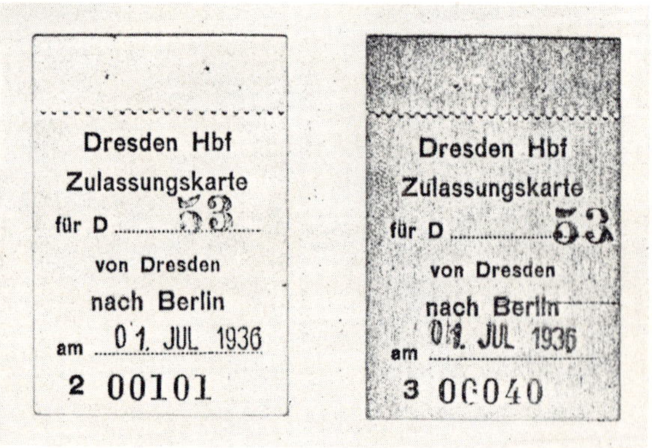

Platzkarten für die Premiere. Weiße Zulassungskarten für die 2. Klasse (links) und rosa Karten für die 3. Klasse (rechts) wurden zu jeder Fahrt des Henschel-Wegmann-Zuges ausgegeben. In den beiden Klassen waren 48 beziehungsweise 144 Plätze vorhanden, dazu kamen 23 Speisewagenplätze. Die hier wiedergegebenen Karten wurden für die erste fahrplanmäßige Tour des Zuges am 1. Juli 1936 ausgestellt.

Joachim Raabe: Erinnerungen an den Henschel-Wegmann-Zug

I. Triebwerke und Laufeigenschaften

Der Henschel-Wegmann-Zug (HWZ) bestand in erster Linie aus der 2'C 2'h2-Schnellzuglokomotive der Reihe 61 und dem bekannten Wagenzug. Die Lok besaß m. W. bei ihrer erstmaligen Vorstellung auf der Ausstellung „100 Jahre Deutsche Eisenbahn", die 1935 in Nürnberg stattfand, die Führerhausbeschriftung St 37.18. Ihre Höchstgeschwindigkeit, laut Angabe im Führerhaus, war 175 km/h. Bei einer Probefahrt mit dem Zug erreichte sie 187 km/h. Ihr Treibraddurchmesser betrug 2300 mm. Das abgedruckte Werkbild (Seite 35) läßt das baulich und ästhetisch großartig gelungene Triebwerk der unverkleideten Lok erkennen.

Jeder der gewaltigen Radsätze besaß ein Gewicht von etwa 7 Tonnen. Damit verblieben bei ursprünglich nur 18 t Achsdruck ganze 11 t als Federkraft, die den Radsatz beschleunigend in eine etwaige Schienenunebenheit zu drücken vermocht hätte. Derartige Unebenheiten waren damals auf der für die Lok vorgesehenen Strecke Dresden — Berlin wegen der Schienenstöße alle 15 oder 30 m vorhanden.

Jedenfalls hat ein solcher Radsatz am Schienenstoß ein beachtliches Eigenleben geführt. Von der etwa bei der Schwingachse angestrebten Boden- oder „Schienenhaftung" konnte hier sicher nur sehr begrenzt die Rede sein. Zudem brachte das Zwillingstriebwerk der 61 001, etwa im Gegensatz zu dem weit ausgeglicheneren Drillingstriebwerk der 61 002, infolge der erforderlichen „Gegengewichte" — hier wird der damals übliche Begriff „Gegengewicht" anstelle des derzeit vielleicht richtigeren „Ausgleichsmasse" verwendet —, ein starkes Hämmern der Lok auf der Schiene mit sich.

Dieses Hämmern auf der Schiene infolge der freien Fliehkraft des Gegengewichtes ergibt sich immer, wenn der Kolben durch seine Mittelstellung hindurchgeht. In den Totlagen des Kolbens soll ja das Gegengewicht die durch Kolben und Treibstangenbeschleunigung verursachte waagrechte Kraft möglichst ausgleichen. Das Maß des Ausgleichs ergibt sich aus der Forderung, daß das Gegengewicht in seiner Stellung oberhalb der Achse bei Höchstgeschwindigkeit, wenn also seine Fliehkraft am größten ist, den Achsdruck nicht um ein gewisses Maß — zumeist 20 bis 30 Prozent des statischen Mittelwertes — mindern darf. Um die Gegengewichte klein zu halten, sollte der Kolbenhub klein gemacht und die Drehzahl bei Höchstgeschwindigkeit niedrig gehalten werden.

Eigentümlicherweise besaß die 61 001 wohl wegen des großen Treibraddurchmessers und durch den Wunsch, die Dampfkraft auf den Kolben und dadurch die HH-Massen zu mindern, einen außergewöhnlich großen Kolbenhub von 750 mm. Damit und mit einer gegenüber der 03 123 bei maximaler Geschwindigkeit um 10 Prozent höheren Drehzahl war diese Zwillingsmaschine ohnedies, vor allem beim Leerlauf und bei hoher Geschwindigkeit, an sich zu unruhigem Lauf prädestiniert. Dem unbedarften damaligen Deutschen fiel dies jedoch nicht besonders auf, weil seine 01 und 03 als Zwillingsmaschinen ohnedies infolge nicht ganz ausgeglichener hin- und hergehender Massen sehr stark zuckten.

Als ein den Lauf beunruhigendes Element kommt bei einer Zwillingsmaschine wie der 61 001 noch dazu, daß die Gegengewichte beider Lokseiten jeweils um eine Viertelradumdrehung zeitlich verschoben die Schiene behämmern, womit auch das Wanken infolge beiderseits unterschiedlicher Deformation der Schiene und natürlich auch infolge der zeitlich nacheinander wirkenden, nach oben gerichteten freien Fliehkräfte der Gegengewichte begünstigt wurde.

Eigenartigerweise wurde die a priori ausgeglichener laufende, aber erst 1939 kurz vor Kriegsausbruch eingesetzte Drillingsausführung der St 61, die 2'C 3'h3-Lok 61 002, mit dem kleineren Kolbenhub von 660 mm versehen. Diese Lok sah ich noch im März 1939 ziemlich unverkleidet in der Entwicklungsabteilung von Henschel und Sohn in Kassel (Seite 64 ff.) stehen, wo ich damals als Praktikant arbeitete. Die 61 002 dürfte nur sehr kurzzeitig im Jahr 1939 im Zugdienst vor dem HWZ eingesetzt worden sein. Mit Kriegsbeginn entfielen alle diese schnellen Züge wegen ihres erhöhten Verschleißes von Schienenmaterial schlagartig, etwa am zweiten Kriegstag. Als ein den Neustädter Bahnhof und Hauptbahnhof in Dresden täglich zweimal „kreuzender" Fahrstudent habe ich denn auch, im Gegensatz zur 61 001, die 002 niemals im Dienst vor dem HWZ gesehen.

Bei der 61 001 wurde, wahrscheinlich im Hinblick auf ihren etwas unbefriedigenden Lauf, ab 1937 der Achsdruck laut Angabe am Führerhaus von 18 auf 20 t erhöht, was entweder durch Erhöhung der zulässigen Vorräte oder durch Verstellung der Drehpunkte der Ausgleichshebel geschehen sein mochte.

Wie die 05 besaß die 61 auch 20 atü Kesseldruck. Dieser höhere Druck verkleinert etwas die Zylinderbohrung und damit die hin- und hergehenden Triebwerksmassen. Allerdins erfordert er eine erhöhte Kesselwandstärke, wodurch der Kessel etwas schwerer wird.

Verglichen mit der damals schnellsten Zwillingslokomotive der DR, der 03 mit den Nummern über 123, die 140 km/h fahren durfte, besaß die 61 001 bei ihrer zugelassenen Höchstgeschwindigkeit, wie bereits erwähnt, eine etwa 10 Prozent höhere Drehzahl und damit ca. 20 Prozent höhere, das Zucken verstärkende Kräfte. Trotzdem hatte ich als ein im Jahre 1936 sechzehn Jahre alter Pennäler vom Aussichtsabteil des Zuges gleich hinter der Maschine her auch bei größeren Geschwindigkeiten, die ich mittels Schienenstößen und Sekundenanzeiger bis zu 145 km/h exakt maß, nicht den Eindruck einer dabei störenden Laufunruhe. Allerdings mag die Begeisterung der Zugmitfahrt und die rasche Stoßfolge der zumeist 15 m langen Schienen damals einiges überdeckt haben, was sich erst später dem „Nöckergreis" offenbarte. Außerdem lag es wohl auch daran, daß die 61 gegenüber der 03 123 offiziell nur mit 135 km/h, also mit 77 Prozent ihrer zulässigen Höchstgeschwindigkeit gefahren werden durfte.

Die Lok besaß erstmals einen 8-kW-Dampf-Turbogenerator, der auch den Vierwagenzug versorgte. Dies geschah über ein Kabel, das zugleich mit Heiz- und Bremsleitung in die

Endlich im planmäßigen Einsatz. Ab Sommer 1936 kamen die Lok 61 001 und ihr Zug zweimal täglich zwischen Berlin Anhalter Bahnhof und Dresden Hauptbahnhof zum Einsatz. Hier eine Streckenaufnahme aus den ersten Betriebstagen in voller Fahrt bei Dobrilugk-Kirchhain in der Niederlausitz.

Im Anhalter Bahnhof. Höchst selten sind die Aufnahmen des Henschel-Wegmann-Zuges in diesem Berliner Kopfbahnhof, während wir doch eine schöne Anzahl von Betriebsbildern aus dem Dresdner Raum besitzen. Etwa 1938.

Scharfenbergkupplung verlegt war, die anstelle einer Hakenkupplung die Lok mit dem Zug verband. Der Turbogenerator entstammte der Turbinenfabrik von Brückner und Canis in Dresden. Anfängliche Schwierigkeiten mit ihm machten gelegentliche Mitfahrten der Ingenieure dieser Firma notwendig. Von einem dieser Herrn erfuhr ich, daß die Lokomotive einmal während der Fahrt auf dem Feld eine Stange ihres Triebwerkes (? !) durch Bruch und anschließendes Abschleudern ohne sonstige nennenswerte Störung verloren habe.

Ein vergleichender Blick auf die britische Rekordlokomotive „Mallard“ (Drillingstriebwerk) zeigt, daß diese mit ihren nur zwei Meter messenden Treibrädern ihre 201 km/h mit einer gegenüber der 61 bei deren zulässiger Höchstgeschwindigkeit von 175 km/h um 33 Prozent höheren Drehzahl fuhr. Gleichzeitig besaß die „Mallard“ neben dem ausgeglicheneren Drillingstriebwerk damit bei gleichem Achsdruck eine im Vergleich zur Federkraft viel kleinere unabgefederte Radsatzmasse als unsere „Renner“. Sie lief damit viel entgleisungssicherer. Natürlich wurde das mit dem Nachteil der viel höheren und damit verschleißträchtigeren Kolbengeschwindigkeit erkauft.

Auf einen aus den relativ hohen Treibrädern und dem andererseits nach oben begrenzten Profil beruhenden Schwachpunkt unserer Renner 05 und 61 und der „Mallard“ sei noch verwiesen: Alle drei Maschinen besaßen infolge des geringen Platzes zwischen Radoberkante und Kesselunterkante zur Umsteuerung an der Schieberschubstange eine Kuhnsche Schleife. Damit hatten sie neben dem Stein der Schwinge noch ein weiteres sehr genau einzupassendes und verschleißfreudiges Element, nämlich Stein und Kulisse der Kuhnschen Schleife. Außerdem verstärkt die Kuhnsche Schleife im Gegensatz zum Hängeeisen das „Springen“ und damit den raschen Verschleiß des Kulissensteins der Schwinge.

II. Zug und Fahrplan

Der HWZ bestand als Zug aus vier vierachsigen kurzgekuppelten Leichtbauwagen. Die Zugenden waren „zylindrisch“ stromlinienförmig. Die Wagen hatten, gleich der Lok, einen cremefarbenen Anstrich mit violetten Streifen, deren Farbe der des Rheingoldzuges entsprach. Einer der Endwagen bildete den Speisewagen mit einem Raum für den Zugführer und einem weiteren Raum für Passagiergepäck. Das andere Zugende besaß das einzige in Fahrtrichtung orientierte Aussichtsabteil, in dem die Sitze wie im Amphitheater, aber mit umgekehrter Krümmung der Sitzreihen, angeordnet waren. Dieses Abteil war bei der Fahrt von Berlin nach Dresden der Lok zugewandt. Letztere fuhr in dieser Fahrtrichtung mit dem Schornstein voran, man sah daher bei dieser Fahrtrichtung im wesentlichen auf den hinteren Wasserkasten und den Kohlenbunker der Lokomotive.

Der Zug wurde ab Sommerfahrplan 1936 anstelle der sonst zwischen Berlin und den Landeshauptstädten vorgesehenen Schnelltriebwagenverbindung zwischen Dresden Hbf und Berlin Anhalter Bahnhof eingesetzt. Er führte im Gegensatz zu den meisten Schnelltriebwagen — mit Ausnahme desjenigen von Berlin nach Beuthen über Breslau — neben der 2. auch die 3. Wagenklasse. Seine Benutzung erforderte eine Platzkarte, aber nicht den sonst üblichen FD-Zuschlag für die analogen FDt.

Beide Umstände stimulierten natürlich einen eisenbahnbegeisterten, mäßig bemittelten Pennäler wie mich damals zur ausschließlichen Benutzung dieses Zuges beim Besuch von Berlin — meiner Geburtsstadt — von Dresden aus, in dessen Nähe wir damals wohnten. Ich fuhr insgesamt zweimal mit dem eigentlichen Henschel-Wegmann-Zug und etwa sechs- oder siebenmal mit einem gewöhnlichen, von einer 03 oder 01 gezogenen fünf- oder sechswägigen Zug, der anstelle des HWZ bei Kesselauswaschung von dessen Lok genau den Fahrplan einhielt. Dabei liefen vor den Ersatzgarnituren stets 01 mit Nummern über 102, die also 130 km/h fahren konnten, und 03 der Nummern über 123, die 140 km/h fahren durften. Der Zug bestand aus einem Speisewagen mit 23,5 m Länge über Puffer, also der damals modernsten Bauart, und im allgemeinen auch aus den damals modernsten Schnellzugwagen mit etwa 21,5 m LüP und 3 m Drehgestellachsstand. Einmal erlebte ich allerdings auch bei einem um Mitternacht von Berlin aus fahrenden Zug gleich hinter der 01 einen alten preußischen D-Zug-Wagen mit aufgebogenen Dachenden und kurzachsständigem „Schwanenhalsträgerdrehgestell“ nebst quer zur Fahrtrichtung stehenden „Wiegenfedern“. Auf meine erstaunte Anfrage erklärte mir der Lokführer bündig, daß infolge der üblichen vorgeschriebenen Untersuchungen ein jedes Fahrzeug der Reichsbahn seinem Zweck genüge und nicht, wie die Fahrzeuge auf der Landstraße, zu Bruch gefahren würde.

Es sei kurz die Frage beantwortet, warum ausgerechnet die „Kaffeesachsen“ anstelle der sonst zwischen Berlin und den Landeshauptstädten üblichen, teuren FDt-Verbindung eine so billige „Extrawurst“ zwischen ihrer Landeshauptstadt Dresden und der Reichshauptstadt beschert bekamen. Einmal war Sachsen damals das in der Verbrauchsgüterindustrie am meisten fortgeschrittene Land, das als Danaergeschenk dieser frühzeitigen und schnellen Industrialisierung die höchste Bevölkerungsdichte und wohl auch die relativ meisten Arbeitslosen besaß. Auf den hieraus resultierenden Durchschnittslebensstandard der Dresdner hatte man Rücksicht zu nehmen.

Ein anderer wichtiger Grund war wohl der folgende: Dresden besaß mit der für den HWZ vorgesehenen kürzesten Verbindung zu Berlin über Elsterwerda nur 180 km Abstand. Dies war innerhalb des Reiches der weitaus geringste Abstand einer Landes- oder Gauhauptstadt zur Reichshauptstadt. So betrugen beispielsweise die Entfernungen: Berlin — Hamburg 286 km, Berlin — Breslau — Beuthen 520 km, Berlin — Köln 588 km, Berlin — München 685 km.

Die geringe Entfernung Dresdens zu Berlin ermöglichte eine Unterbringung des entscheidenden Wasservorrats in einer 2'C 2'-Tenderlok, die in beiden Fahrtrichtungen gleich gute Fahreigenschaften besaß. Damit entfielen die Wendezeiten für die Lok, und es konnte die zunächst — nämlich bis Juni 1939 — vorhandene eine Lokomotive bequem an jedem Tag zwei Zugpaare hin- und zurückbefördern.

Am zweiten Kriegstag, also ein Vierteljahr später, entfiel der HWZ — wie schon erwähnt — als schienenverschleißender Luxus. 1943 sah ich die 61 001 mit etwa 20 km/h an der Schranke „Proviantshofstraße“ in Dresden einen Vorortzug Dresden — Arnsdorf mit elf Wagen die etwa drei Kilometer lange 1 : 60-Elbtalrampe heraufziehen.

Der Fahrplan des HWZ sah, grob gesehen, so aus: ab Dresden etwa 7.30 Uhr und etwa 16.30 Uhr; ab Berlin etwa 12 Uhr und etwa 23 Uhr. Damit konnte der kulturell anspruchsvolle Dresdener mit dem Zug um 16.30 Uhr zum Opern- oder Theaterbesuch nach Berlin fahren — die Berliner Oper rangierte damals vor der Dresdener Oper —, gegen 0.30 war er dann wieder zu Hause.

III. Strecke und Geschwindigkeiten. Mit dem Henschel-Wegmann-Zug zwischen Dresden und Berlin unterwegs

Entsprechend der größeren Meereshöhe von Dresden mit 110 m gegenüber 32 m in Berlin, hatten die nach Berlin fahrenden Züge eine bis zu fünf Minuten kürzere Fahrzeit. Die größte Ohne-Halt-Geschwindigkeit erreichte der Frühzug von Dresden auf der 176 km langen Strecke von Dresden Neustadt — dieser Bahnhof war im Gegensatz zum Dresdner Hauptbahnhof, der 12 Bahnsteige unter Haupt- und Nebenhalle und den Böhmischen Nebenbahnhof mit sechs Gleisen hatte, eine Halle mit acht Bahnsteigen — nach Berlin Anhalter Bahnhof, einer Halle mit sechs Bahnsteigen unter dem Dach und etwa sechs Bahnsteigen außerhalb des Daches. Die höchste Ohne-Halt-Geschwindigkeit betrug 113 km/h und lag damit weit unter den 137 km/h, die der FDt Berlin — Köln auf dem etwa gleich langen Abschnitt Hannover — Hamm im Fahrplan 1937 erreichte.

Hierbei ist zu bedenken, daß dieser FDt auf einer viergleisigen Strecke fuhr und dort eine zulässige Höchstgeschwindigkeit von 160 km/h fahren durfte. Der HWZ fuhr nur auf den kurzen Abschnitten Berlin — Mariendorf (6,6 km) und Dresden — Neucoswig (18,2 km) getrennt vom Vorortverkehr. Obendrein konnte er noch auf diesen Abschnitten wegen Kunstbauten, rascher Folge von Stationsdurchfahrten und der in diese Teilstrecken hineinfallenden Beschleunigungsperiode nur relativ langsam fahren. Zudem verkehrten auf dem Ferngleispaar zwischen Mariendorf und Zossen (26 km) auch elektrische und dampfgetriebene Züge der Berliner S-Bahn, die höchstens 85 km/h fahren durften und eine dichte Zugfolge hatten, auf die der HWZ Rücksicht zu nehmen hatte. Auf diesem letzteren Abschnitt fuhr der Zug daher nie über 120 km/h.

Weiter hatte die Linie zwischen Neucoswig, wo eine Weiche mit höchstens 100 km/h in der Abzweigung befahren wurde, und Böhla auf 13 km Länge eine Steigung zwischen 1 : 150 bis 1 : 200 auf der Flanke des Elbtales zu erklimmen. Zwischen Böhla, Großenhain, Zabeltitz, Frauenhain und Prösenwainsdorf wich die Strecke in mäandrierenden, jedoch gut überhöhten und daher für 130 km/h zugelassenen Kurven den Hügeln der Landschaft aus. Zwischen Elsterwerda-Biehla und Hohenleipisch wurde in einer Steigung von 1 :150 auf 6 km Länge der Südabstieg des Fläming, eines hügeligen Waldrückens, erklommen, der sich über die folgenden 40 km auf dem Abschnitt über Hohenleipisch, Rückersdorf-Oppelhain, Doberlug-Kirchhain (vor 1933 hieß es „slawischer“ Dobrilugk Kirchhain vom Wendischen „dobri“ = gut), Brenitz-Sonnenwalde, Wald-Drehna (vor 1933 hieß es, ebenfalls an die Slawen erinnernd, „Wendisch-Drehna“), Gehren und Uckro-Luckau erstreckten.

Der für die Fahrt von Berlin aus recht hemmende Nordabstieg des Fläming fiel auf den 10 km langen Abschnitt Wald-Drehna bis Uckro-Lucknau, der eine lange und kurvenreiche Steigung von 1 : 120 bis 1 : 150 besaß. In der Zeit vor 1933 begann hier in Richtung Berlin der zumeist von der sächsischen Reihe 18^0 gezogene schnellste Zug mit seinen 75 km/h Ohne-Halt-Geschwindigkeit für damalige Verhältnisse erst richtig zu „sausen“, nämlich mit 100 km/h. Nur der 43 km lange Abschnitt von Uckro-Luckau nach Zossen über Drahnsdorf, Golssen, Klasdorf, Baruth, Neuhof, Wünsdorf erlaubte eine Geschwindigkeit von 160 km/h. Tatsächlich begrenzte man die Geschwindigkeit des HWZ offiziell auf 135 km/h. Eine Erhöhung auf 160 km/h, die nur auf dem Abschnitt Uckro — Zossen (43 km) realisierbar gewesen wäre, hätte genau drei Minuten Fahrzeit eingespart. Die Begrenzung auf 135 km/h sollte sicher auch das „Zucken“ mindern, das beim Zwilling mit dem Quadrat der Geschwindigkeit ansteigt. Heute erzählen zwar sächsische Eisenbahner, daß gelegentlich mit dem Stromlinienzug bis zu 160 km/h gefahren worden sei, wahrscheinlich hat man das aber nur mit der Drillings-61 002 gemacht. Ich selbst habe bei einem Stromlinienzug mit der 61 001 oder einem Ersatzzug, der von einer 03 gezogen wurde, nie mehr als 145 km/h mittels Schienenstößen und Stoppuhr gemessen. Bei den von 01 gezogenen Zügen habe ich bis zu 135 km/h gestoppt. Dabei beschleunigte die 01 etwas kräftiger, so daß der Fahrplan auch von ihr genau gehalten wurde. Einmal erlebte ich auch, daß der Ersatzzug von einer sächsischen 18er, die rasant beschleunigte, gezogen wurde, die wohl nur 120 km/h fahren durfte, aber wahrscheinlich bis zu 130 km/h machte, so daß sie dennoch pünktlich eintraf.

Es mag vielleicht die Verteilung der Geschwindigkeit über die Strecke interessieren: Von Berlin aus erreichte der Zug etwa beim parallel zur Hauptstrecke liegenden S-Bahnhof Papestraße nach 3,5 km etwa 70 bis 80 km/h und nach Überfahren des Teltow-Kanals in Mariendorf nach 6,6 km etwa 120 bis 130 km/h. Wegen des danach auf gleichem Gleis verlaufenden Berliner S-Bahnverkehrs mußte der folgende Abschnitt (26 km) bis Zossen mit den S-Bahn-Haltepunkten Marienfelde, Lichtenrade, Mahlow, Dahlewitz, Rangsdorf, Dabendorf zumeist unterhalb von 120 km/h befahren werden. Hinter Zossen stieg die Geschwindigkeit schnell auf 140 km/h bis 145 km/h, (bei 01 bis 135 km/h). Diese Werte wurden praktisch über 45 km bis hinter Uckrow gehalten. Mit ihnen fuhr der Zug in die 1 : 150 bis 1 : 120 ansteigende Nordrampe des Fläming hinein. Am Ende der Rampe, nach 10 km bei Walddrehna, lag das Tempo zumeist bei 90 km/h. Dann ging es wieder hoch bis auf 120 km/h, gelegentlich bis 130 km/h.

Dieses Tempo wurde vor allem auch auf dem sehr kurvenreichen Abschnitt zwischen Elsterwerda und Großenhain gehalten. Die Übergangsbögen und Überhöhungen waren dabei genau dieser Geschwindigkeit angepaßt. Man hatte das Gefühl, daß sich der Zug mal nach rechts, mal nach links, allmählich in die Kurve „hineinlegte“. Auf der Elbtalneigung von 1 : 150 zwischen Weinböhla und Neucoswig wurde zumeist etwas heruntergebremst, da der

Zug die Weiche in der Abzweigung bei Neucoswig, wo sich die Strecke mit der aus dem Jahre 1839 stammenden Bahn von Leipzig vereinte, nur mit 100 km/h befahren durfte. Diese Vereinigung betraf indessen nur die Ferngleise, der Nahverkehr lief auf den letzten 18 km getrennt. Damit konnten Radebeul und folgende mit 130 km/h durchfahren werden.
In Dresden-Neustadt hatte die Ohne-Halt-Fahrt nach 176 km ein vorläufiges Ende. Die anschließenden vier Kilometer bis Dresden-Hbf durfte der Zug auf Brücken und gemauerten Viadukten ohnedies nicht über 50 km/h fahren. Damit wurde natürlich die Reisegeschwindigkeit von Berlin bis Dresden-Hbf so stark gedrückt, daß man sie gerne vergaß. Dieser Abschnitt entsprach dem beim „Fliegenden Hamburger" vorsichtshalber vernachlässigten Streckenstück von Hamburg-Hbf nach Altona.
Von Dresden-Neustadt aus nach Berlin erreichte der Zug etwa nach 5 km schon 120 km/h. In Neucoswig mußte er dann wieder wegen der Weiche auf 100 km/h heruntergehen. Auf der anschließenden 1 : 150-Steigung das Elbtal hinauf bis Böhla — etwa 13 km — fiel die Geschwindigkeit unter 100 km/h. Danach ging es sehr schnell auf 120 bis 130 km/h. In der 1 : 150-Südrampe des Fläming auf der 5 km langen Strecke von Elsterwerda-Biehla nach Hohenleipisch fiel das Tempo auf etwa 100 km/h ab. Auf der nur schwach gekrümmten Nordrampe des Fläming hinter Walddrehna begann der Zug dann zu rasen. Meist in Gehren, spätestens in Uckro, hatte er je nach Lok zwischen 135 und 145 km/h, ein Tempo, das bis zu Beginn der S-Bahn-Strecke in Zossen gehalten wurde. Durch diese Raserei, zumal auf der abwärts geneigten Nordrampe des Fläming, schaffte der Zug nach Berlin die Strecke in drei bis fünf Minuten kürzerer Fahrzeit.
Für den Zeitgenossen und Eisenbahnliebhaber der damaligen Zeit war vor allem die Verkürzung der Fahrzeit zwischen Dresden-Neustadt und Berlin gegenüber den zuvor bestehenden schnellsten Verbindungen interessant. So hatte noch 1932 der schnellste Zug, der von einer sächsischen 18er gezogen wurde, mit drei Zwischenhalten in Großenhain, Elsterwerda und Doberlug-Kirchhain eine Durchschnittsgeschwindigkeit auf dem oben genannten Abschnitt von 67 km/h. 1936 fuhr der schnellste gewöhnliche Schnellzug mit nur einem Zwischenhalt in Doberlug-Kirchhain 87 km/h im Durchschnitt. Dieser Zug blieb in seiner Fahrzeit übrigens auch nach Kriegsausbruch zunächst erhalten. Der HWZ schaffte den genannten Streckenabschnitt ohne Zwischenhalt mit 113 km/h in seiner schnellsten, nach Berlin gerichteten Variante.

IV. Mit dem Ersatzzug in rasender Fahrt

Für mich waren die Fahrten in den Ersatzzügen am interessantesten, vor allem diejenigen mit dem um 23 Uhr von Berlin abfahrenden Mitternachtszug, den ich, wenn irgend möglich, stets bevorzugte. Zu meinem Kummer hatte der Stromlinienzug keine zu öffnenden Fenster. Leider verhinderte dies auch bei den Ersatzzügen eine Toilettenfrau nach Kräften, da Anweisung bestand, wegen der sonst zu großen Gefahr bei hohen Geschwindigkeiten und wahrscheinlich auch wegen des sonst zu hohen Luftwiderstandes die Fenster geschlossen zu halten.
Die damaligen Fenster erlaubten es, daß man sich vom Nabel an herausbeugen konnte, um so den Fahrtwind, Rauchnebel, Luftwiderstand und vor allem den Lärm richtig auszukosten. Um mir dieses Vergnügen dennoch zu sichern, stellte ich mich stets hinter der Maschine an dem von mir geöffneten und nicht so leicht einsehbaren Türfenster neben der Toilette auf. Auf diese Weise konnte ich dicht hinter dem mächtigen Tender der 01 oder 03 die von der Lok erzeugte, an Urwaldrhythmen und Negertrommeln gemahnende Sinfonie aus Dampfschlägen des Auspuffes, Rauschen der geöffneten Zylinderhähne beim Anfahren mit seinem „Tschaupitschaka — Tschaupitschaka", Triebwerksgeklacker, Schienenstößen, gelegentlichem Abblasen der Sicherheitsventile, begleitet vom Zucken, Nicken, Wogen, Drehen und Wanken von Tender und Maschine, das sich auch dem ersten Wagen mitteilte, und untermalt vom rauchnebel- und öldunstgeschwängerten „steifen" Fahrtwind so richtig hören, riechen, sehen und fühlen.
Wenn der Heizer nachlegte oder in der Feuerung herumstocherte, schoß aus der geöffneten Feuertüre über die Lokomotive ein blutroter Strahlenkegel, der sich in Dampf- und Rauchschwaden verlor. Zwischendurch heulte gelegentlich die Dampfpfeife auf. Die früher kümmerlich erleuchteten Bahnhöfe huschten blitzartig vorüber. Von den damals an den Überholgleisen üblichen Kreuzungsweichen ging ein höllisches, kanonenartiges Geknatter aus.
Auf der Strecke lagen größtenteils noch 15-m-Schienen. Dadurch ergab sich ein rhythmisches Stakkato aus den vier Schlägen der Tenderachsen und den darauf folgenden zwei Schlägen des Wagendrehgestelles, „Badadadadada", bei 140 „Sachen" genau dreizehnmal innerhalb von fünf Sekunden.
Begleitet war diese Schlacht vom Hämmern der übrigen Lokachsen, dem „tschugge-tschugge" des Auspuffs der Zwillingsmaschine, dem gelegentlichen knallenden Rauschen der Sicherheitsventile. Dabei röhrten, echoten und jaulten der Oberbau, ein Einschnitt oder eine Brücke über den Kanal „Woijajaja-woijajaja", „Huia" sangen die Schrankenübergänge. Ein Bahnhof näherte sich: „Klackeradamm" schnatterte der überfahrene „Engländer", „Wa-wa-wa-wa . . ." echote bis zu sechzigmal der überholte Güterzug, dazwischen das Pfatschen undichter Stopfbuchsendichtungen und das krachende Schnauben „Pfaaa-pfaaa" der Sicherheitsventile. Dann wieder das scharfe Arbeiten der Dampfmaschine, bis zu 6,4 Radumdrehungen pro Sekunde zu je vier Auspuffschlägen, mit zunächst 145 km/h in die Fläming-Rampe! —
Der eigene Leib wurde bald zum Resonanzboden in der schallerfüllten Umgebung dieses Schüttelkastens. Der Geist war, wie von Urwaldtrommeln gepackt, rasch in einer anderen Welt. Allzuschnell, nach 1 Stunde und 35 Minuten Fahrt, rollt die Maschine, scharf bremsend in Dresden-Neustadt ein, und aus dem ersten Wagen steigt mit geröteten Augen eine rußgeschwärzte Gestalt als Fahrgast. Und dieser Spaß kostete etwa 10 Mark.

Abfahrauftrag für D 54! Wie hat sich der Aufsichtsbeamte des Bahnhofs Dresden Neustadt in Positur geworfen, als der Zug sich auf den letzten Teil seines Weges nach Dresden begibt. Die Bahnhofsuhr zeigt auf 14.50 Uhr.

Im Einsatz als D 57. Die Spätnachmittagsverbindung zwischen Dresden und der Reichshauptstadt wurde gleichfalls mit dem Wegmannzug bedient. Hier läuft die Maschine 61 001 einmal mit dem „Tender“ voraus. Rechts auf dem Wartegleis die sächsische Lokomotive 19 017. Aufnahme aus dem Jahre 1936.

Karl-Ernst Maedel: Lokführer Brade

Wahrhaftig — er ist's! Alte Dresdner und Berliner Maschinisten werden ihn sofort erkannt haben — den Vater Brade, dem wir hier einige Zeilen der Erinnerung widmen wollen. Darüber hinaus sollen unsere beiden Bilder, sie entstammen der Kamera von Erwin v. Kirchbach, noch einmal deutlich machen, wie sie aussahen, die alten schnauz- und schnurrbärtigen Lokführer der zwanziger und dreißiger Jahre, wind- und wetterfeste Gestalten, alte Marine-Maschinisten, und mancher war noch ein rechter Kommißkopf von Kaisers Zeiten her. Der Heizer galt ihnen nicht mehr als ein Rekrut und bildete oft genug den Blitzableiter für die Launen seines Meisters. Es gab Führerstände, über die in der Mitte ein Strich lief, das Revier eines jeden genau abgrenzend. Heizer und Führer verkehrten sozusagen nur schriftlich miteinander. Immerwährende Fehde zwischen Regulator und Speisepumpe waren keine Seltenheit. Auch hinter dem schon legendären Lokführer Brade, der durch seine Bonmots auf dem Führerstand der Schnellfahrlok berühmt geworden ist, hat so mancher Heizer die Faust geballt. Verschweigen wir diese Dinge nicht.

Aber wir wollen uns ja an Vater Brade erinnern, jenes beliebte sächsische Original, von dem heute noch das Gespräch unter den Pensionären auf der Parkbank geht. Er gehörte zu den Tüchtigsten; nicht umsonst hatte man ihm die Schnellfahrlok 61 001 mit dem Henschel-Wegmann-Zug anvertraut. Was er bei dieser zum besten gab, ist längst Historie geworden.

„Was wollt'r denn? Mir haddn ähmd mal widder geen Dampf!"

So seine seelenruhige Antwort, wenn er mit Verspätung in Berlin eintraf. Oder:

„Ei verbibbch — was ham mer heute widder dreschen missn — das Luder wollde doch eenfach nich!"

Sie besaß ihre Mucken, die 61 001, und so recht ist eigentlich nur Vater Brade mit ihr zurechtgekommen. In den Heizhäusern von Dresden-Altstadt galt sie oft als ein Ärgernis, und ihr Lokführer gab dann die entsprechenden Kommentare über diese „Karre, mit der die Preiß'n nich fertch geworden sind", von sich.

Nun, es liegt nicht in unserer Absicht, noch mehr Bradesche Monologe wiederzugeben; die muß man erlebt haben. Sie sollen auch nur stellvertretend für die Einstellung einer ganzen „Klasse" stehen — jawohl, Klasse, das stellten sie doch im Sinne der Soziologie dar, eine Klasse für sich, jenseits von Marx und Hitler. Ihr Stern ist im Zweiten Weltkrieg untergegangen, sie sind nach 1945 nicht wieder auferstanden. In unserer veränderten Welt wäre wohl auch kein Platz für sie gewesen. Die Jüngeren unter uns kennen sie schon nicht mehr, die Brades. Und wir Älteren? Merkwürdig — warum nur können wir sie nicht vergessen?

Zweimal Lokführer Brade. Links mit Reservelokführer Schnorrbusch beim Blick aus dem Führerhaus mit einer seltenen Sammlung von Anschriften, rechts in typischer Pose am Steuerungshandrad seiner Maschine bei 135 Stundenkilometern in der Nähe von Dresden.

Das Bahnhofsvorfeld in Dresden 1936. Was gab es hier alles zu beobachten! Neben dem Henschel-Wegmann-Zug ganz links im Vordergrund die 39 174 mit der 19 009 und einem Verstärkungswagen, dann eine weitere P 10 und mehrere Rangiergruppen.

Winterbild aus Dresden-Pieschen im Jahre 1938. Gerade dampft der morgendliche D 53 auf seiner Fahrt nach Berlin in Richtung Radebeul durch die Station.

Ankunft in Dresden. Hier nun der von Berlin um die Mittagszeit herangekommene D 54 im Jahre 1936. Im Sommerfahrplan 1939 benötigte der Zug für die 180 Kilometer lange Strecke knappe zwei Stunden. Rechts eine Rangiergruppe mit sächsischer V T-Lokomotive der zweiten Bauperiode.

Nach dem Kriege. Schornsteinaufsatz, Führerhauslüfter und Läutewerk sind hinzugekommen, die Triebwerksverkleidung hat man entfernt. Aufnahme der nun dem Bahnbetriebswerk Bielefeld zugeteilten Maschine 61 001 im Jahre 1950 in Minden. Die Ausmusterungsverfügung kam am 14. November 1952.

Drittes Kapitel: Die Stromlinienloks der Lübeck-Büchener Eisenbahn

Hatte sich Georg Heise bei Henschel & Sohn im Fall der Stromlinienlokomotive 61 001 für den Henschel-Wegmann-Zug durch die Vorstellungen der Deutschen Reichsbahn von seinen ursprünglichen Plänen abbringen lassen, so gelang ihm nun bei der Lübeck-Büchener Eisenbahn, mit deren technischem Direktor, Baurat Paul Mauck, ihn bestes Einvernehmen verband, aufgrund der anders gelagerten Betriebs- und Verkehrsverhältnisse doch noch die Verwirklichung seines Konzepts vom Triebwagenersatz durch einen leichten, schnellfahrenden Zweikuppler mit angehängtem Gliederzug auf Jacobsdrehgestell. Gerade die Einfädelung dieser Privatbahn in den großen Hamburger Hauptbahnhof erforderte kürzere Wendezeiten am ihr vorbehaltenen Bahnsteig und verlockte dazu, die Fragen des mit hohem Tempo geschobenen Zuges und die Fernsteuerung aus dem führenden Waggon praktisch zu erproben.
Daß es sich dabei zwischen Hamburg und Travemünde über Lübeck um eine Form von Vorortverkehr handelte, die immerhin noch Doppeldeckwagen und „nur" 120 Stundenkilometer Spitzengeschwindigkeit vorsah, tat der Bedeutung des Versuches keinen Abbruch. In Dr. Düesberg besaß die Bahn darüber hinaus einen Presseagenten, der sein Fach verstand wie kein zweiter, und der Notizen über die Fortschritte bei der LBE überall lancierte.
Der Erfolg des Experiments war so groß, daß alsbald noch eine dritte „Micki-Maus" mit der Henschel-Fabriknummer 23 382, weitere sechs Doppeldeckwagen und schicke Blechkleider für fünf ältere T 12-Maschinen angeschafft werden mußten. Doch dann kam die Verstaatlichung der Privatbahn, und bei der großen Reichsbahn gerieten die sicherlich sehr delikat zu handhabenden Tenderloks bald in Mißkredit. Dennoch bleiben ihr Bau und ihr Einsatz beeindruckende Zeugnisse für Wagemut und Fortschrittsgeist, wie sie auch außerhalb der Staatsbahnverwaltung nicht selten waren.

Linke Seite: **Überführungsfahrt der „Micki-Maus-Lokomotive".** Hier glänzt ihr Lack im Regen bei der Fahrt von Kassel nach Lübeck.

Lokomotive „Lübeck-Büchen 2". Wegen ihrer besonderen Bedeutung im Modernisierungsprogramm der LBE wurden die beiden Maschinen 1936 an die Spitze des Nummernplanes gesetzt. Auffallend ist auch das Gattungszeichen St 24.18. Die Fabriknummer darunter lautet 22 815.

Die Premiere des H-L-Schnellverkehrs. Zur Vorstellung ihres neuen Zugangebotes zwischen Hamburg und Lübeck ließ die Bahngesellschaft wieder im voraus Aufnahmen anfertigen und wenige Tage vor dem 7. April 1936 an die Presse geben, um so das rechtzeitige Erscheinen von Fotos sicherzustellen. Hier die Lok 1 in Lübeck Hauptbahnhof.

„So sieht der Heizer die Strecke". Originaltitel zu dieser Aufnahme von einer der Werksprobefahrten im Winter 1935/36 mit der LBE-Lokomotive 1 bei Kassel, zuerst veröffentlicht in den „Henschel-Heften".

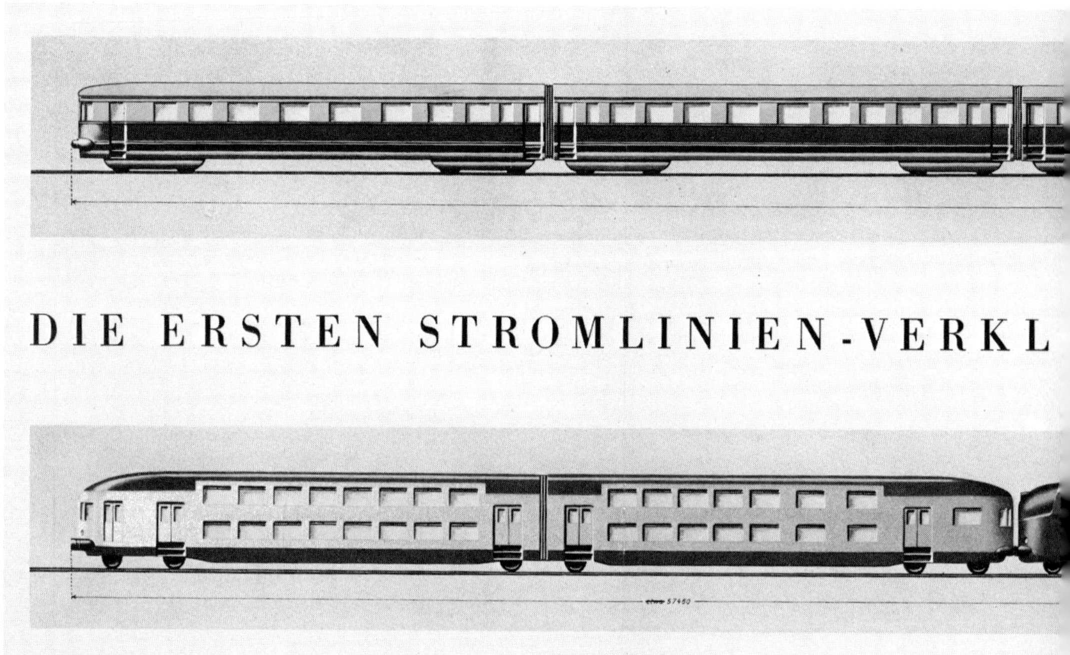

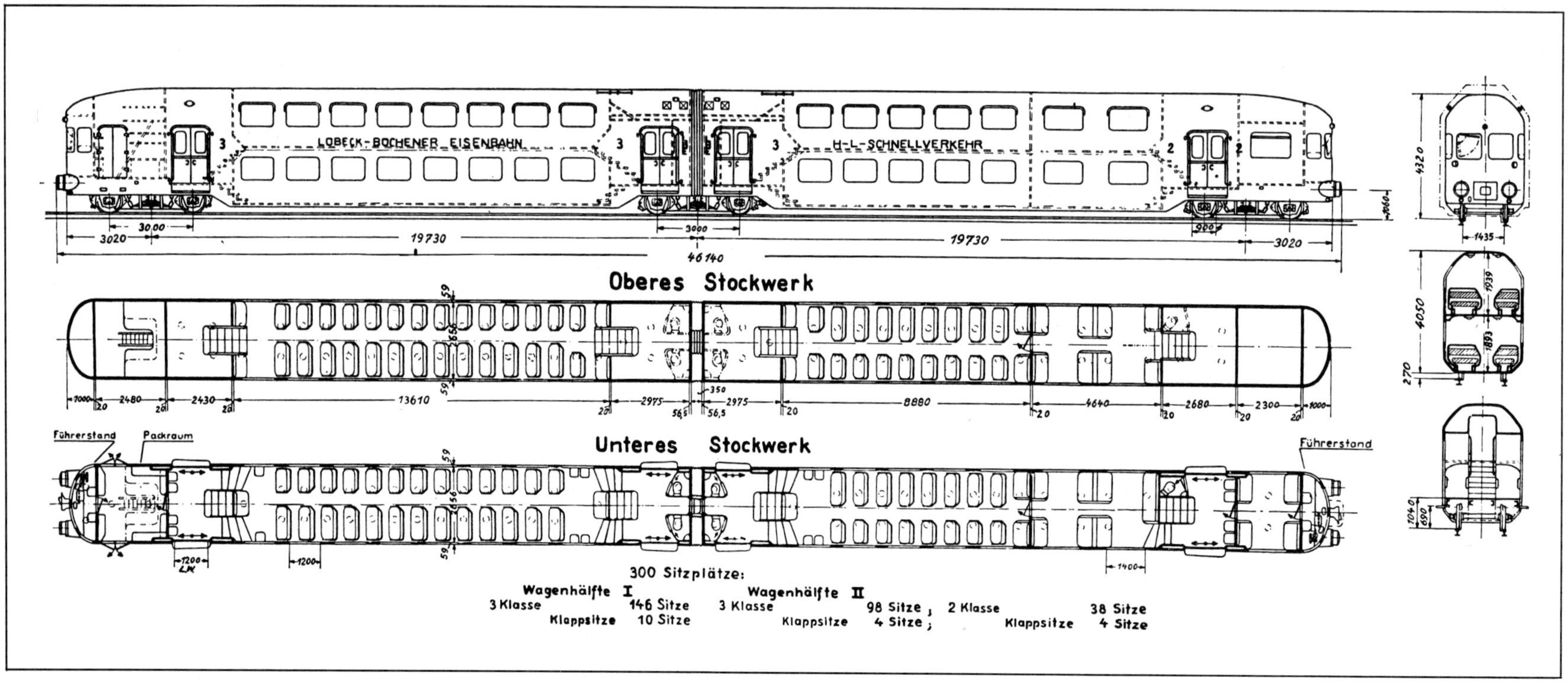

Stromlinien-Dampfzüge. Ausklapptafel der Lokomotivfabrik von Henschel & Sohn, wie sie den „Henschel-Heften" und der Festschrift „125 Jahre Henschel" mit farbiger Darstellung der beiden Zugtypen beigelegt wurde.

Der Doppeldeck-Stromlinienzug der LBE. Links außen zunächst eine Übersichtszeichnung der von Linke-Hofmann und Wumag Görlitz gemeinsam entwickelten und 1936 in zwei Exemplaren gelieferten Bauart, leicht erkenntlich an den großen Stirnfestern.
Das Foto daneben zeigt einen Wagen dieser ersten Bauart im Hauptbahnhof Hamburg mit schiebender Lokomotive. Der Anstrich des Wagenkastens war im Bereich der 3. Klasse grau, um die 2. Klasse herum aber ockergelb gehalten.

Betriebseinsatz im H-L-Verkehr. Keine Falschfahrt auf dem linken Gleis, sondern ein Dokument für den ersten erfolgreichen Wendezugverkehr auf deutschen Bahnen: Die Lokomotive 2 schiebt ihren Doppeldeckzug in Richtung Lübeck und Travemünde am Westfalenweg durch Hamburg, links die Stadtbahngleise. Die Skizze rechts gibt eine Übersicht der beiden kleinen Maschinen 1 und 2.

Erfolge und Nachbauten. Der H-L-Verkehr führte sich so gut ein, daß die private Bahngesellschaft sogleich sechs weitere Doppeldeckwagen, kenntlich an den kleinen Stirnfenstern, in Auftrag gab, um auch den Vorortverkehr damit zu bedienen. Links und rechts zwei Aufnahmen in Hamburg aus dem Jahre 1938, nachdem die Reichsbahn die LBE übernommen hatte.

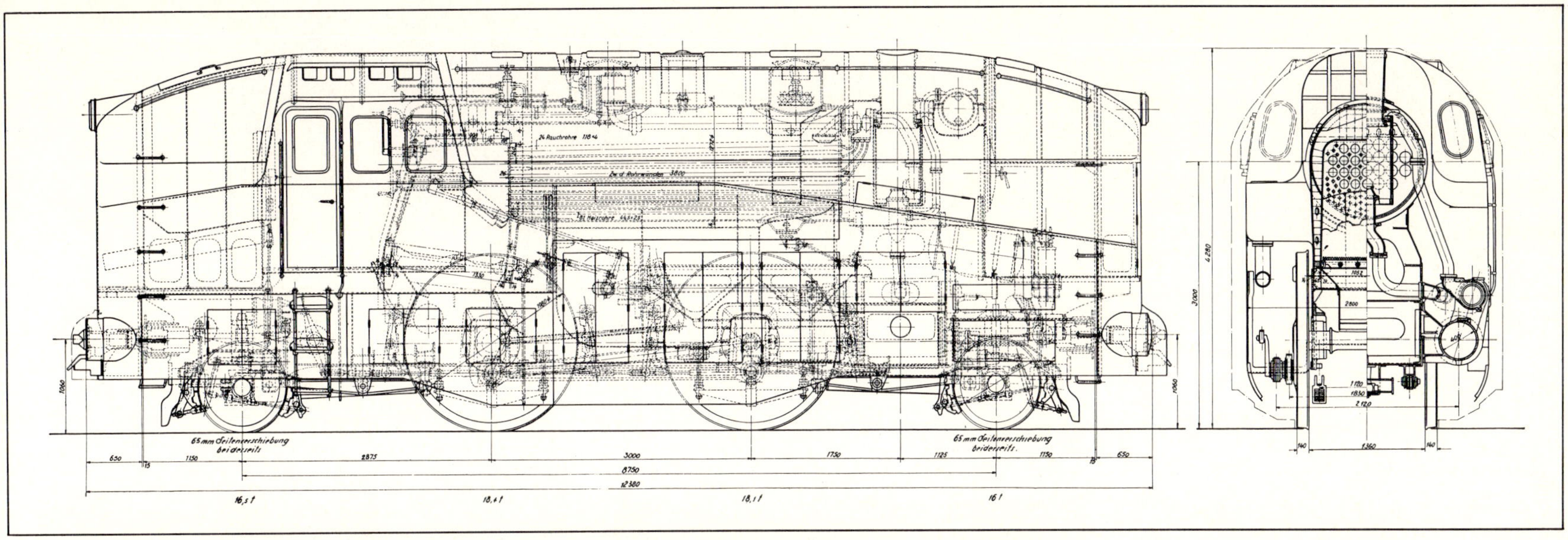

Hamburg Hbf
DEUTSCHE REICHSBAHN

Die Lokomotive Nummer 3 der LBE. Auch sie wurde wegen des großen Erfolges der beiden „Micki-Mäuse“ nachbestellt, sollte aber etwas größere Vorräte und eine höhere Leistung aufweisen, um ohne Schwierigkeiten zwei Doppeldecker-Garnituren zu befördern. Sie wurde 1937 noch kurz vor der Verstaatlichung geliefert.

Das Ende der „Micki-Mäuse“. Die Reichsbahn konnte sich indes mit den Maschinen, die als Splittergattung in ihrem großen Fahrzeugpark anzusehen waren, nicht recht anfreunden und verfügte ihre Ausmusterung schon zum 3. November 1942. Durch die Kriegsverhältnisse unterblieb aber die Zerlegung, und nach dem Kriege fuhr die Lok 60 002 noch einige Jahre im Berliner Raum. In den sechziger Jahren war sie dort, wie hier auf dem Bild aus Wustermark, für längere Zeit abgestellt, und wurde schließlich 1967 in Leipzig verschrottet.

Eine Stromlinien-Karosserie für die T 12. Um auch ihre im Vorortverkehr laufenden Doppeldeckzüge vom Ansehen des H-L-Schnellverkehrs profitieren zu lassen, hat die LBE ab Herbst 1936 ihre fünf jüngsten 1'C-Tenderloks der Gattung T 12, Betriebsnummern 138 bis 142, mit einer Stromschale ausrüsten lassen. Die hier abgebildete Maschine 142 war 1923 von Linke-Hofmann geliefert worden; sie wurde 1938 noch in 74 1321 umgezeichnet.

Vorortzug am Westfalenweg. Nochmals ein Schnappschuß der Bahnanlagen am Berliner Tor, hier mit der Maschine 74 1320 vor dem durchlaufenden Vormittagspersonenzug P 606 nach Hamburg Hauptbahnhof. Es ist die vormalige Lokomotive 141, die bereits unter der Flagge der Reichsbahn fährt.

61 002

Viertes Kapitel: Vom Bau der Lokomotive 61 002 bei Henschel

Zur Beschaffung einer weiteren Stromlinien-Tenderlokomotive für den Henschel-Wegmann-Zug mußte es aus mehreren Gründen kommen: Es waren nicht nur die knappen Vorräte und das problematische Zucken der Maschine 61 001, die etwa ihren vollständigen Ersatz erforderlich gemacht hätten, sondern es waren vornehmlich die bei jedem Einzelstück auftretenden Unzulänglichkeiten an Auswaschtagen oder anläßlich von Ausbesserungen, die es 1936 geraten erscheinen ließen, statt der für diese Vertretungsaufgaben besonders gepflegten 01 226 — gelegentlich war auch die 01 185 zu beobachten — doch noch eine geeignete Schnellfahrlok zu beschaffen.

Dabei wollte man einerseits das Grundkonzept beibehalten, andererseits aber durch ein Dreizylindertriebwerk und mehr Brennstoff und Wasser an Bord den Mängeln der Vorauslok begegnen. So kam man zu dem in der deutschen Lokomotivgeschichte einmaligen dreiachsigen Drehgestell. Bei Henschel waren es nun namentlich Knipping, Böhmig und Riedel, die sich mit der Maschine konstruktiv befaßten, die aber auch mehr als eine Vorstudie anfertigten. Dazu traten noch die von Dr. Ewald vorgeschlagenen Sonderausführungen mit Dampfmotorantrieb, zu deren Verwirklichung sich aber die Reichsbahn im damaligen Zeitpunkt nicht entschließen konnte.

Daher ist die unter der Fabriknummer 23 515 gebaute, am 10. Juni 1939 endgültig angestrichene, am 12. Juni 1939 abgelieferte und nach der Grunewalder Abnahme dem Betriebswerk Dresden Altstadt zugeteilte Lokomotive 61 002 als eine durchaus regelrechte Stromlinienlok ohne weitere Besonderheiten anzusehen. Der Lieferpreis hatte gegenüber der Vorläuferin etwas angezogen und lag nun bei 232 000 Reichsmark. Der Werksfotograf Rudolf Kreutzer hat sich ihr mit seltener Hingabe gewidmet, und so ist dieses Kapitel reich an bemerkenswerten, weithin unbekannten Bildern.

Gleichzeitig mit dieser Lokomotive wurde übrigens bei Wegmann noch ein Mittelwagen für den Salonwagenzug nachbeschafft. Da aber die 61 002 wegen des Krieges überhaupt keinen Plandienst vor dem Zug verrichtet hat, ist er nicht mehr als fünfter Waggon in die Garnitur eingestellt worden. Auch zu einem Einsatz gemäß der Auflage, die schon beim Bau der 61 001 gegolten hatte und hier wiederholt worden war, daß nämlich der Achsdruck den Wert von 18 t nicht überschreiten dürfe, um mit der Lokomotive die Ferngleise der Berliner Stadtbahn befahren zu können, ist es niemals gekommen.

Vergessen wir aber abschließend nicht die unerwartete, wenngleich mit vielen fremden Teilen aufgebesserte Renaissance dieser Lokomotive durch den Umbau zur Schlepptenderlok 18 201 in Meiningen, die sie zu einem Star unter den letzten deutschen Dampflokomotiven werden ließ.

Hier wird letzte Hand angelegt. Auf der gedeckten Drehscheibe im Hof des Kasseler Werkes sind die Arbeiter damit beschäftigt, die Maschine 61 002 zur Übergabe an die Reichsbahn vorzubereiten. Aufnahme vom 11. Juni 1939.

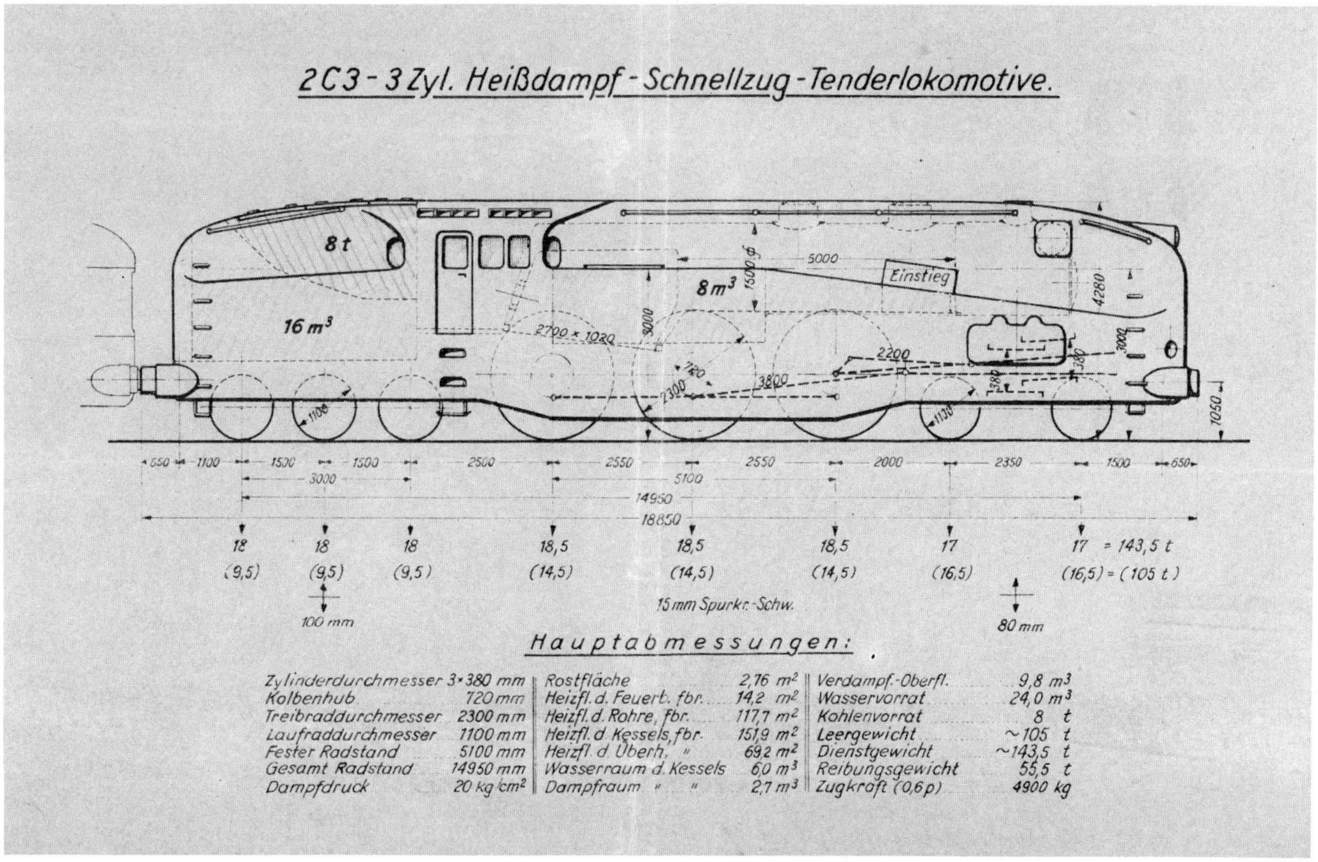

Entwurf zur Lokomotive 61 002. Obwohl bereits die Maschine 61 001 als Prototyp bestand, mußte auch die Konstruktion ihrer Schwestermaschine mancherlei Änderungen über sich ergehen lassen. Ein Vergleich mit der endgültigen Ausführung zeigt etwas weitere Achsstände und die Verlegung des Vorwärmers neben den Kessel.

Die Lokomotive 61 002 im Bau. Bei diesem Blick auf Kessel, Rahmen, Triebwerk und Vorratsbehälter ist deutlich der dritte Zylinder zu erkennen, den die Maschine aus Gründen der Laufruhe erhalten hatte. Auffällig auch die Anbringung von zwei Sandkästen und die neben der Rauchkammer vorgesehene Stellung des Vorwärmers.

Die Kuppelradsätze der Lokomotive 61 002. Nur ganz schwach sind die für Innentriebwerk und Innensteuerung erforderlichen Kröpfungen der beiden rechten Achsen zu sehen.

Lokomotive 61 002 wird aufgeachst. Der Blick fällt besonders auf die spezielle Rauchkammertür und das dreiachsige Drehgestell mit Außenlagerung unter dem Kohlenbunker. Schon sind die ersten Teile der Kesselverkleidung aufgelegt.

Zum erstenmal im Werkshof. Noch fehlen (rechts) die Verkleidungen von Kessel und Triebwerk, bald darauf (unten) nur noch wenige Klappen, bevor es zum endgültigen Anstrich gehen kann. Im Bild unten außerdem die Reichsbahnlok 44 099 sowie Exportmaschinen für Persien und Südamerika.

Der Holländische Platz zu Kassel im Frühjahr 1939. Zum erstenmal begibt sich die Lokomotive 61 002 auf den Weg durch die Wolfhager Straße zum Bahnhof Unterstadt. Links das Verwaltungsgebäude der Firma Henschel, hinter der Stromlinienmaschine eine der kleinen Werkloks.

Kurzer Zwischenhalt am Werkstor. Einige Passanten, im Stil der späten dreißiger Jahre gekleidet, haben innegehalten, um die Ausfahrt zu beobachten. Im Führerstand Baurat Roth von Henschel.

Ausfahrt unter Volldampf. Mit geöffneten Zylinderhähnen, einen Reichsbahn-Schnellzugwagen für das Begleitpersonal am Haken, macht die Maschine 61 002 ihre ersten Gehversuche auf freier Strecke.

Zwischenhalt in Treysa. Der preußische Abteilwagen mit Bremserhaus und die Stromlinienlokomotive, solche Kontraste hat es auch in den dreißiger Jahren schon gegeben.

Eine Inspektion unterwegs. Kaum ist die Maschine in Treysa zum Stillstand gekommen, da schwärmen die Begleiter der Probefahrt aus, um die Temperaturen von Triebwerk und Lagern zu überprüfen. Bemerkenswert noch, daß man vorsichtshalber selbst Winden und Hebezeuge mitgeführt hat, die sich hinter der geöffneten Frontverkleidung verbergen.

Bahnhof Wabern im Frühjahr 1939. Welche unwiederbringliche Fülle von Schildern und Reklamen am Perron, dazu die Stromlinienlok mit ihren geschäftigen Betreuern, schließlich rechts eine preußische T 18 vor dem Personenzug.

Ein berühmtes Bild. Die Ablieferung der Lokomotive 61 002 in ihrem endgültigen Anstrich am Morgen des 12. Juni 1939 ist durch die bekannte Annonce mit dem Pferdefuhrwerk, die damals in den technischen Fachblättern erschien, vielen Lesern bekannt. Wir bringen hier einige weitere Szenen vom Holländischen Platz an diesem Tage.

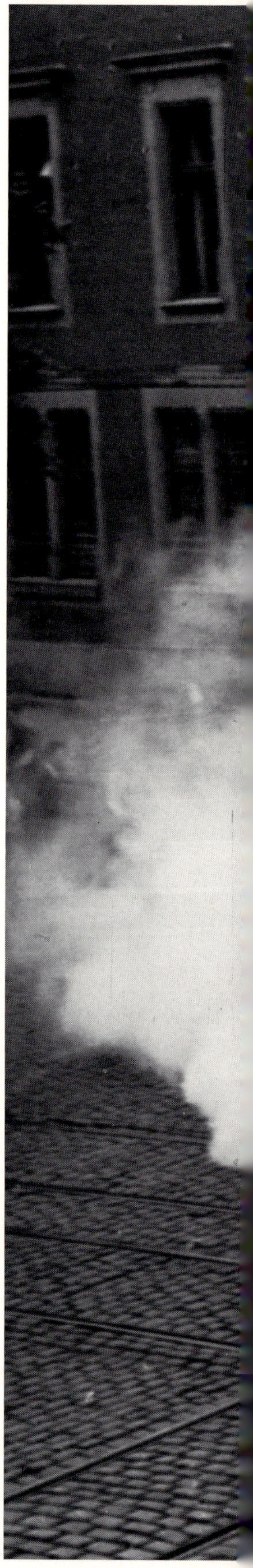

Mit Rudolf Kreutzer am Holländischen Platz. Selten ergab sich für den Werkfotografen einer Lokomotivfabrik eine reizvollere Aufgabe als für Kreutzer im Juni 1939, als ihm die Reportage von der Ablieferung dieser Lok in ihrem violett-silbernen Anstrich übertragen wurde.

Bilder aus Kassel. Das Kopfsteinpflaster, die Schienenkreuzung, der Kiosk im Hintergrund, die Menschen in ihren Berufskleidern, dazu die Lokomotive mit ihren Dampfschwaden fügen sich zu einem äußerst reizvollen Bild. Mehr als fünfzig Leica-Aufnahmen hat Kreutzer hier binnen weniger Minuten „geschossen".

In der Wolfhager Straße. Noch begleitet die Werklok für eine kurze Strecke die größere Schwester durch das Stadtviertel. Vier Jahre später, in dem Bombenangriff vom 22. Oktober 1943, wurde der größte Teil der Kasseler Innenstadt zerstört.

Mit eigener Kraft. Rechts im Bild ist noch der Puffer der Werklok sichtbar, die der 61 002 auf den ersten Metern ihrer Fahrt in den Reichsbahnbetrieb assistierte. Der Blick leicht von oben läßt auch die Einläufe der Wasserkästen erkennen.

Zum Abschluß des Kapitels die Standardaufnahmen der Lokomotive 61 002. Hier handelt es sich um noch von der Lokfabrik Henschel angefertigte Bilder. Rechts zunächst ein Blick auf die Front der Maschine mit geöffneten Klappen. Die Anschrift unter dem Puffer lautet: „Anstrich 10. 6. 39".

61 002

61 002

61 002

Typenbilder der Stromlinienlok 61 002. Links oben die Stirn- und Rückansichten auf der gedeckten Drehscheibe mit dem Mehrspurgleis, darunter die Heizerseite, ebenso wie bei der 61 001 mit vornliegender Führerstandstür. Rechts nun ein Blick in die Kabine mit dem Führerstand für Vorwärtsfahrt und mit der Feuertür. Unter dem Reglerhebel ist das Geschwindigkeitsschild angebracht. Schließlich ein Bild von der Lokführerseite der 61 002 mit der Tür in der normalen, hinteren Position.

Die Lokomotive 61 002 im Betriebe. Wie die Schwestermaschine wurde auch sie nach einer Stippvisite in Grunewald, von wo man sie wegen anderer vordringlicher Aufgaben in den Betrieb abgab, in Dresden Altstadt beheimatet. Vor dem Henschel-Wegmann-Zug ist sie kaum noch zum Einsatz gekommen, denn dessen Verkehr wurde mit Kriegsbeginn eingestellt.

Beim Bahnbetriebswerk Dresden Altstadt. Zum Zeitpunkt der Aufnahme, im Frühjahr 1941, bestimmten ein Militärzug im Hintergrund und die abgeblendeten Laternen der Lok die Szenerie. Doch noch immer trägt der „Pilot“ voller Stolz seine Schnellfahrerbrille.

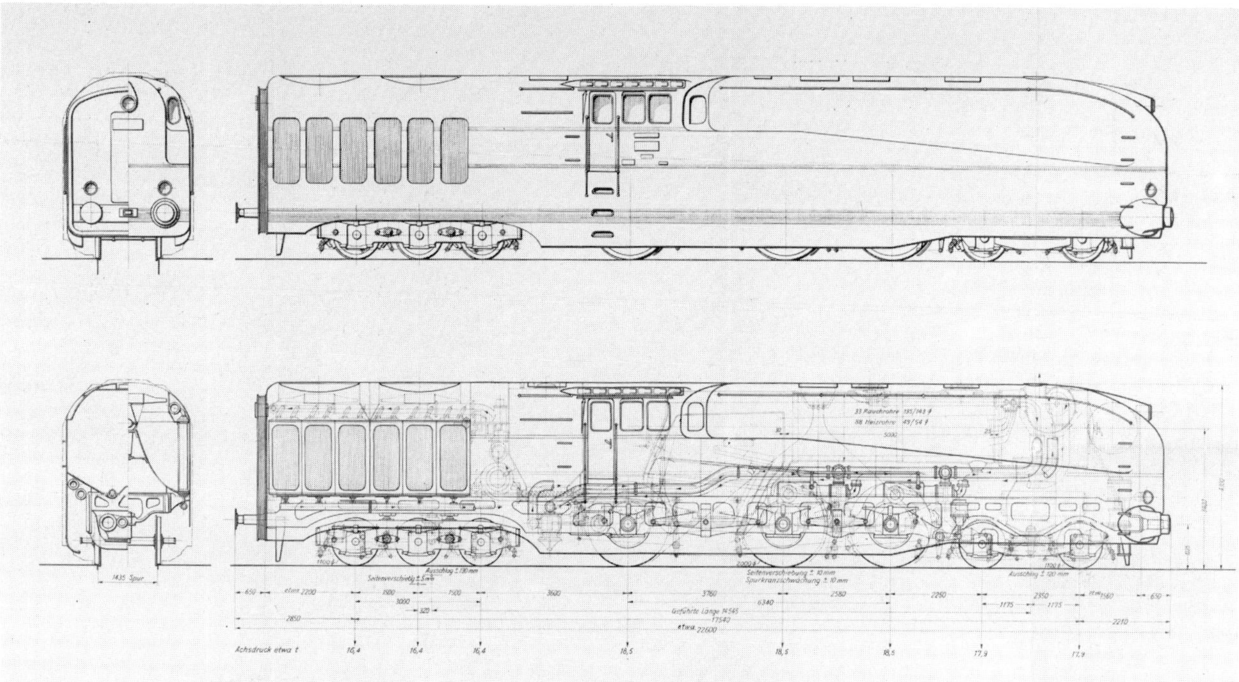

Alternativentwürfe zur Reihe 61. Auch so hätte die Lokomotive 61 002 aussehen können, wäre die Reichsbahn damals dem Entwurf gefolgt. Die 2′ Co 3′-Tenderlok sollte Dampfmotor-Einzelachsantrieb, Kohlenstaubfeuerung und Kondensation aufweisen. Zeichnungen vom 6. Juni 1936.

Umbau nach dem Kriege. Zunächst noch in der alten Form, aber ohne Stromschale, im Einsatz, sollte die Lok 61 002 von der Reichsbahn in der DDR gegen Ende der fünfziger Jahre ausgemustert werden. Man entschloß sich dann aber, sie mit Teilen der Lok 45 024 zu rekonstruieren und gab ihr neue Zylinder, einen neuen Kessel, einen Schlepptender und die teilweise Stromlinienverkleidung. Dazu kam die neue Betriebsnummer 18 201, seit 1970 dann 02 0201-0. Bei Versuchsfahrten erreichte sie bis zu 180 Stundenkilometer.

Fünftes Kapitel: Mammutlokomotiven der Reihe 06

Bis auf das Jahr 1934 gehen die Pläne für diese große Schnellzuglokomotive der Reichsbahn zurück. In einer Familie mit den schnellfahrenden Güterzugtypen 41 und 45 entwickelt, mit einer Vielzahl tauschbarer Teile von diesen beiden Maschinen versehen, sollte sie — da durch Umstellen der Ausgleichshebel die Achslast der Kuppelradsätze entweder zu 18 t oder zu 20 t gewählt werden konnte — als eine „gemeinsame Oberstufe" der Reihen 03 und 01 den schweren Schnellzugdienst im Hügelland übernehmen, zugleich aber auch im angrenzenden Flachland bis zu 140 Stundenkilometer erreichen. Mit einem Raddurchmesser von 2 Metern, dem Kesseldruck von 20 atü und einem großen Dreizylindertriebwerk wollte man an diese Aufgabe gehen.

Die Firma Krupp übernahm den Bau von zunächst zwei Prototypmaschinen und verlieh ihnen die stolzen Fabriknummern 2000 für die 06 001 und 2001 für die 06 002. Es sollte sich jedoch zeigen, daß die Lokomotiven in vielerlei Hinsicht vom Pech verfolgt waren, und nicht ohne Grund ist ihnen der Beiname von „Mammuts" gegeben worden.

Schon Bau und Ablieferung verzögerten sich lange Jahre: Während die von Henschel angefertigte Baureihe 45 bereits erste Gehversuche auf den Schienensträngen machte, sah Krupp sich gezwungen, die für die Reihe 06 nach dem austenitischen Verfahren geschweißten Kessel gerade vor der Montage wieder zu verschrotten, weil sich inzwischen Bedenken gegen diese Technik eingestellt hatten. Doch auch der sodann aus Kesselbaustoff St 47 K, mit dem man später bei anderen Baureihen noch viel Kummer haben sollte, eingebaute Boiler litt unter zu kleiner Feuerbüchse und zu langen Rohren. Als man endlich im Frühsommer 1939 mit den Maschinen in den Versuchsbetrieb gehen konnte, waren vor den schweren Zügen wegen der thermischen Überlastung des Stehkessels nicht selten Dampfmangel und Rohrlaufen zu beklagen; Zuglaufstörungen wie mit der alten Reihe 01 waren das Resultat.

Die folgenden Bilder geben einen kleinen Einblick in die Grunewalder und in die Frankfurter Zeit dieser Maschinen. Beim Betriebswerk Frankfurt 1 standen sie während der ersten Kriegsjahre im Einsatz, einst bewundert, nun Einzelgängerinnen, die auch noch wegen des langen, steifen Laufwerks, dem man vielleicht eher die Achsanordnung 1'D 2' gegeben hätte, in manchen Weichenstraßen mit Schwierigkeiten aufwarteten. So entschloß sich die Bundesbahn nach dem Kriege, von ihrer Modernisierung Abstand zu nehmen. Mit immerhin 274 900 Reichsmark pro Lokomotive hatte auch diese Erfahrung ihren Preis.

Wenig bekannt dürfte im übrigen sein, daß man um 1935 zudem — ähnlich wie bei der Reihe 05 — an die Planung einer Versuchslok 06 003 mit Dreizylinder-Verbundtriebwerk gegangen ist, zu deren Ausführung es aber nicht kam.

Debüt ohne Stromschale. Ein Blick auf die bis auf ihre Stromlinienverkleidung fertiggestellte Maschine 06 002, an der deutlich die Länge der Rauchkammer und die Lage des Vorwärmers hinter dem Kamin zu erkennen sind.

Vom Bau der Lokomotivgattung 06 bei Krupp. Unten die Maschine 06 001, als zweitausendste von Krupp seit 1919 gelieferte Vollbahnlok gefeiert, im Frühjahr 1939 auf dem Essener Werksgelände.

06 001

Ablieferung und Erprobung der Baureihe 06. Links oben die mit Meßapparaturen ausgerüstete 06 001 in Grunewald vor Beginn einer Versuchsfahrt nach Hamburg, am Haken der Meßwagen 3 des Lokversuchsamtes. Aufnahme im Frühsommer 1939.
Darunter und rechts sehen wir die gleiche Maschine wenige Wochen später, auf dem Grunewalder Gelände für die Standardaufnahmen von Hermann Maey aus dem Deutschen Lokomotivbild-Archiv in fotogene Stellungen zurechtgefahren. Siehe auch die Abbildungen auf den Seiten 99 und 103.

Die Jubiläumslokomotive in der Werbeanzeige. Annonce der Herstellerfirma Krupp in der Zeitschrift „Die Lokomotive“, Jahrgang 1939.

Ernst Hock: Auf dem Führerstand der 06 002

Nach fast vier Jahrzehnten erinnere ich mich an Namen wie Anger, Niederstraßer, Nordmann, Röhrs, Wagner und viele andere aus der Spitze der Reichsbahnverwaltung. Ich erinnere mich aber auch an das Lokomotiv-Versuchsamt Berlin-Grunewald und an das Reichsbahn-Zentralamt Berlin. Meine Tätigkeit in der mathematischen Physik erstreckte sich damals auf Versuche im Windkanal der Universität Göttingen bei Professor Prandtl.

Geprüft wurden alle möglichen Modelle, beispielsweise von Kraftfahrzeugen, Schiffskörpern, Flugzeugen, dann auch von Raketen, mit denen ich mich speziell befaßte, und besonders von Lokomotiven verschiedener Bauarten. Darunter war auch die Reichsbahn-Lok 06. Ihre Stromlinienform gegen den Luftwiderstand, also der Luftwiderstands-Koeffizient c_w, war sehr günstig. Es war für mich, der ich von der Reichsbahn zu einer Fahrt auf dem Führerstand der über die Landesgrenzen hinaus bekannt gewordenen „Mammut“-Stromlinienlok 06 eingeladen wurde, ein Erlebnis.

An einem schönen Spätsommertag des Jahres 1939 bestieg ich mit dem bärtigen Lok-Revisor, der sich auf unserem Foto aus dem Führerhaus herauslehnt, und dessen Namen ich leider ebenso vergaß wie den des Lok-Personals, den Führerstand der 06 002 vor dem D-Zug 43 Basel — Berlin für den Abschnitt zwischen Frankfurt (Main) und Erfurt. Die riesige schwarzlackierte Lok sah — fast wie bei einem Empfang — sauber gepflegt aus, und die blanken Zierstreifen glänzten in der Sonne. Unser Foto rechts unten entstand übrigens in Fulda.

Die Anfahrt erfolgte ohne Schleudern. Die 06 war wohl damals die größte Schnellzug-Dampflok Europas, auch größer als die französischen, denn die 2'D2'-Lok 242-A1 der SNCF kam erst nach 1945. Man las viel über die deutsche 06 und ihre Nachteile.

Ich erinnere mich noch an Einzelheiten. Wir hatten 13 vierachsige Schnellzugwagen, und mit Bravour fuhr die 06 002 den schweren Zug mit 82 km/h durch den herrlichen Wald des Acis-Brunnens vor Schlüchtern in den Distelrasen-Tunnel. Es war ein erhebendes Gefühl, einmal den Regler bedienen zu dürfen. Der Auspuffschlag des mächtigen Drillingstriebwerks klingt mir heute noch in den Ohren. Der Heizer hatte mehr als genug zu tun. Man kann nur immer wieder für dieses Lok-Personal ein „hohes Lied singen"!
Hätte man der 06 noch eine Siam- oder Columbian-Dreiklangpfeife gegeben, dann wäre ihre Majestät, die Lok, vollkommen gewesen.
Die Lokomotiven der Reihe 06 fuhren nicht nur von Frankfurt (Main) nach Erfurt, sondern planmäßig auch nach Würzburg mit den Zügen D 54 oder D 404/403.
Ebenfalls nach Würzburg kamen auch die Stromlinien-Dampfloks der Reihe 01^{10} und später die nur teilweise verkleidete Lok-Reihe 10 (mit D 90, D 173), die übrigens Dreiklang-Pfeife besaß. Die Akustik dieser Mehrklang-Pfeifen beschäftigte mich ebenfalls.
Möge dieser kleine Erlebnisbericht zur Belebung der Dampflokgeschichte beitragen, so wie ich sie mir wünsche . . .

Aus dem Betriebseinsatz der Reihe 06. Im Spätsommer 1939 kamen die beiden Riesenmaschinen besonders vor dem D 43 zwischen Frankfurt (Main) und Erfurt zum Einsatz. Das Bild oben zeigt die 06 001 vor der planmäßigen Abfahrt um 12.24 Uhr mit dem langen Zug im Frankfurter Hauptbahnhof; die Aufnahme der 06 002 darunter entstand beim Wassernehmen während des fünfminütigen Aufenthaltes dieses Zuges ab 14.03 Uhr in Fulda.

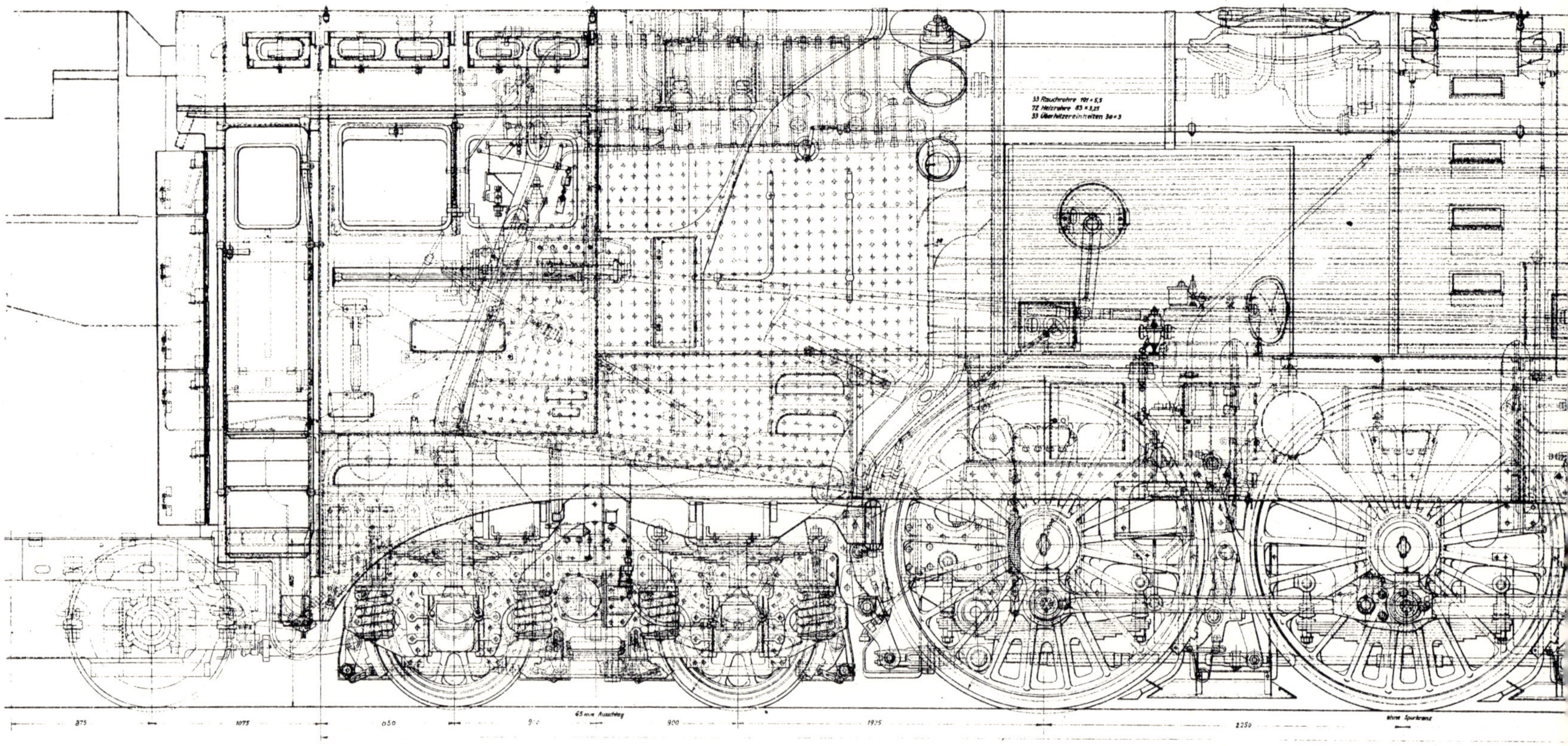
33 Rauchrohre 191 × 5,5
72 Heizrohre 83 × 3,25
33 Überhitzereinheiten 30 × 3

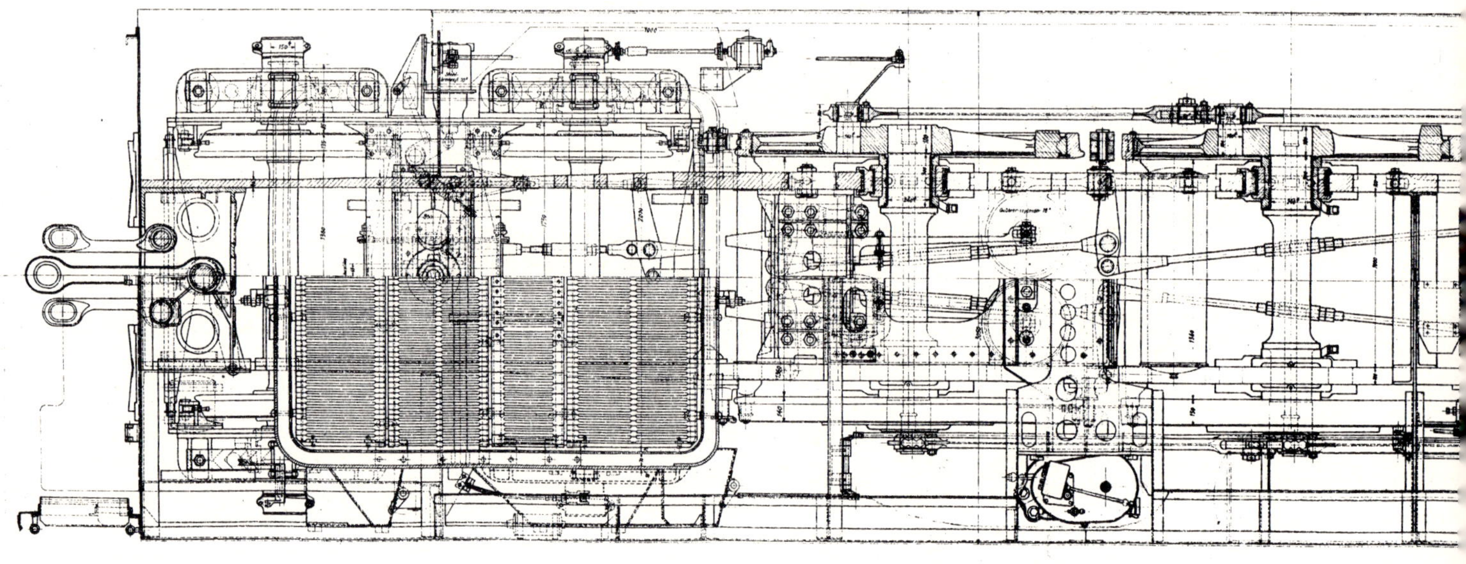

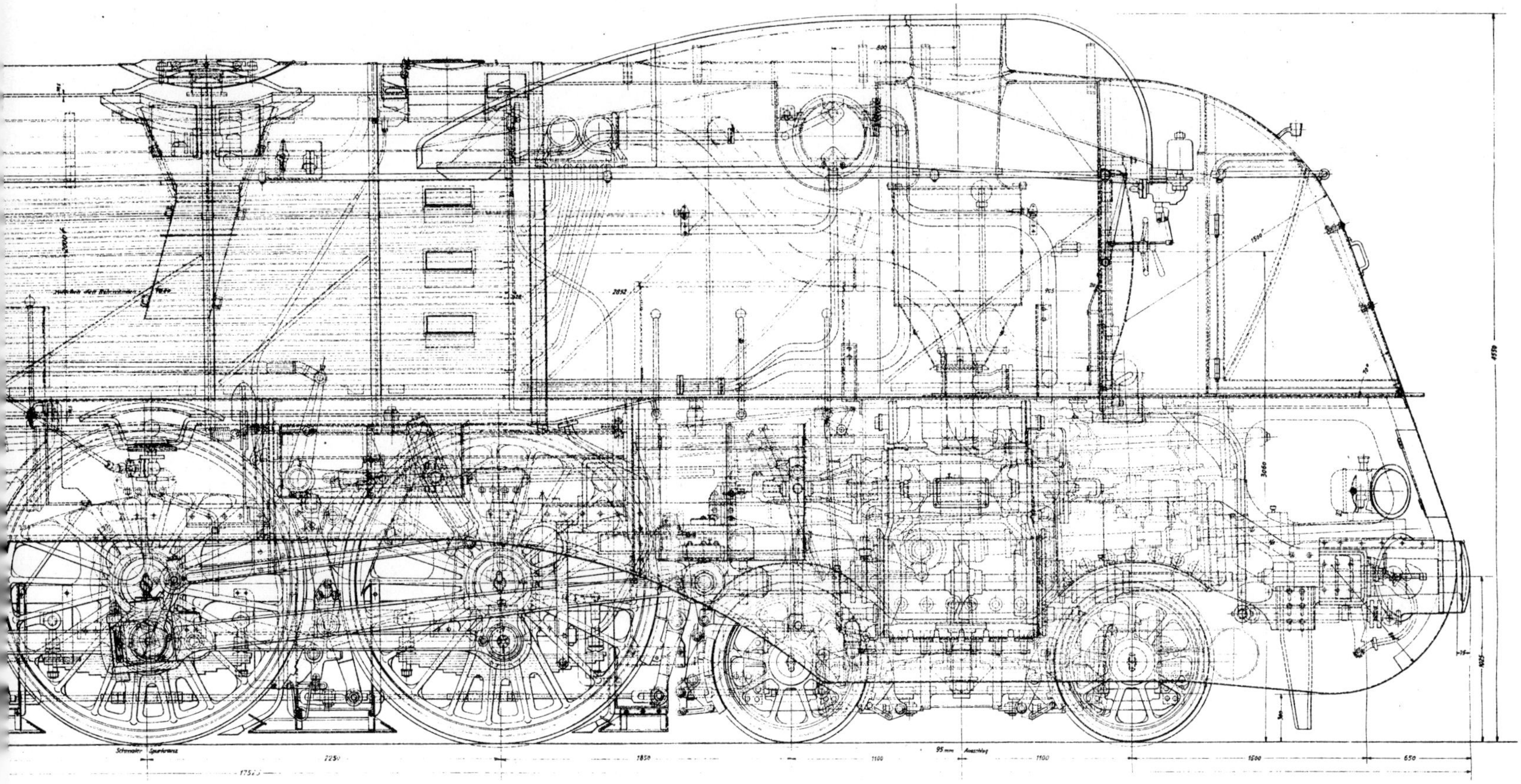

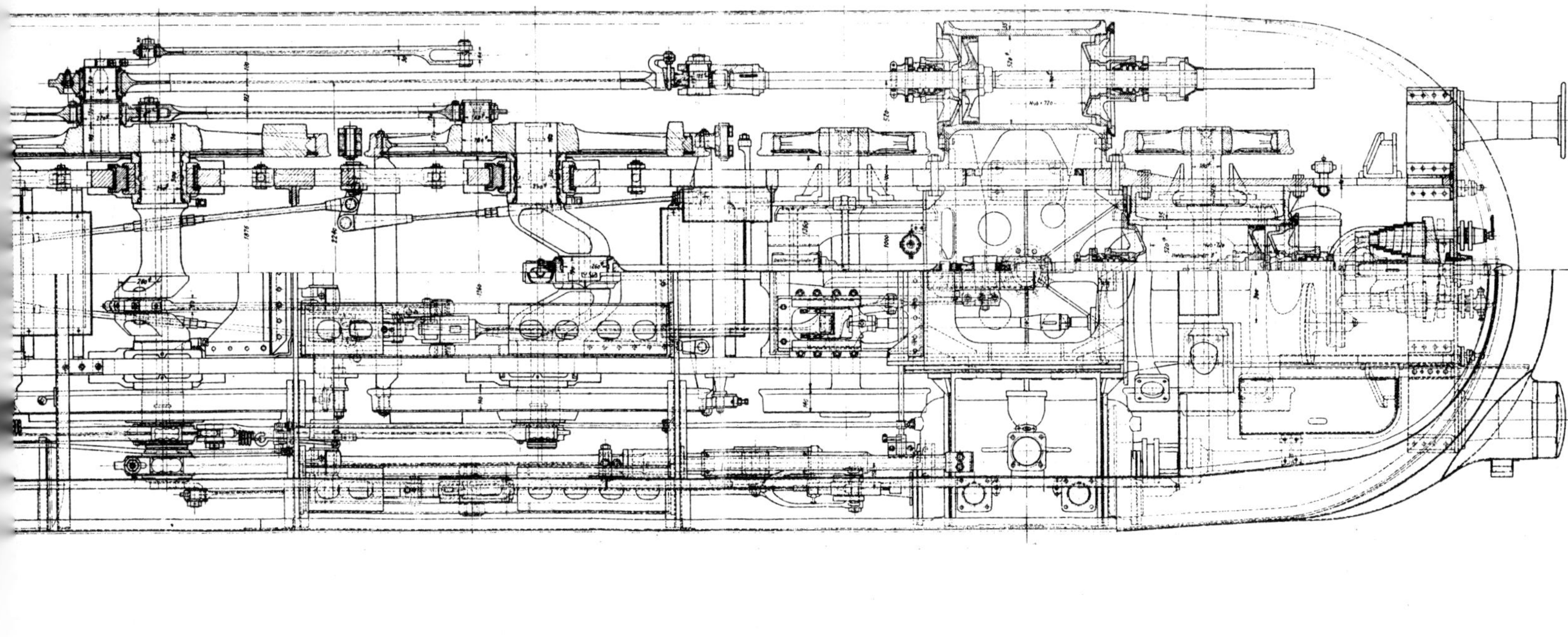

Die Baureihe 06 vor dem D 43. Zwei Aufnahmen des Altmeisters Dr. Feißel unweit seiner Heimatstadt Hanau. Oben die Lok 06 001 mit abgenommener Rauchkammerverkleidung in zügiger Fahrt bei Steinheim am Main, Sommer 1939.

Der Schnellzug D 43. Von Basel über Karlsruhe kam dieser Zug am Vormittag mit Kurswagen aus Rom und Ventimiglia heran, nahm in Heidelberg Kurswagen Ulm — Berlin und in Frankfurt (M) den Kurswagen Saarbrükken — Berlin sowie einen Postwagen auf, um nun seine Fahrt nach dem Anhalter Bahnhof über Erfurt und Halle fortzusetzen. Ein Mitropa-Speisewagen lief von Basel DRB bis Berlin im Zuge mit. Die Maschinen der Reihe 06, hier die 06 002 bei Frankfurt-Oberrad, blieb über 268,6 Kilometer bis zur Ankunft in Erfurt um 16.25 vorgespannt; Zwischenhalte wurden in Offenbach, Hanau, Wächtersbach, Fulda, Hersfeld, Eisenach und Gotha eingelegt, Bebra auf der „Berliner Kurve“ umfahren. Die Rückleistung der Maschinen fand für gewöhnlich vor dem mitternächtlichen D 2 Berlin — Basel statt, der auch Mitropa-Schlafwagen nach Basel und ISG-Schlafwagen nach Nizza führte.

Querschnitt der Lokomotiv-Baureihe 06. Zu den Ansichten dieser Lokgattung auf den Seiten 88 und 89.

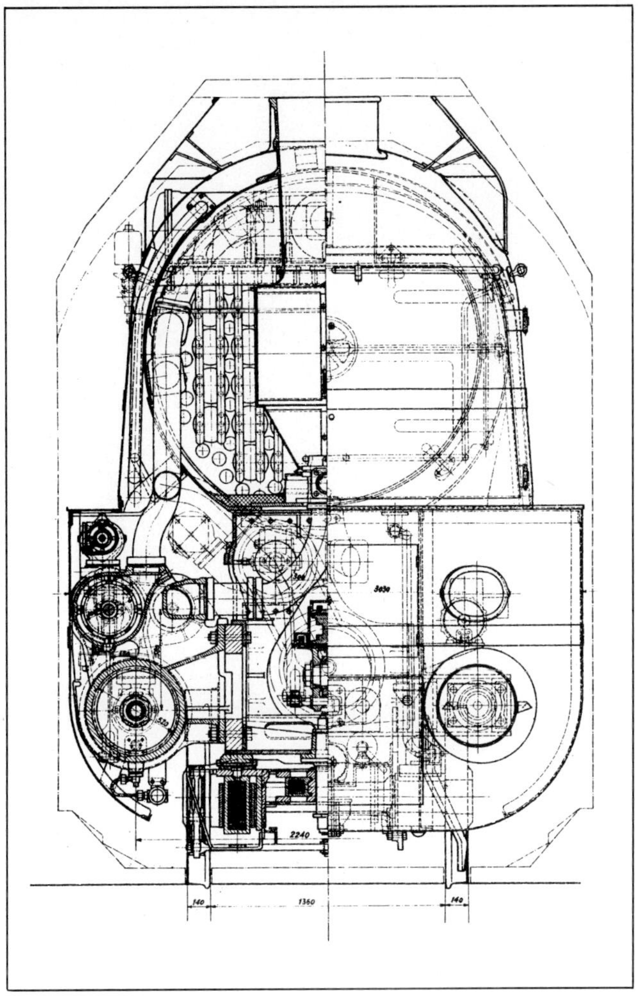

Der Stromlinien-Tender 2'3 T 38 St. Blick auf die Rückfront des Tenders der Maschine 06 001, hier in Form einer Annonce aus dem „Organ für die Fortschritte des Eisenbahnwesens" vom 15. September 1939. Der Faltenbalg diente nur dem strömungsgünstigen Anschluß des Zuges an die Lokomotive und konnte zum Übergang nicht benutzt werden.

Das Ende der Reihe 06. Mit Kriegsbeschädigungen abgestellt, wurde die Maschine 06 002 am 10. Juli 1949 unter einer Schar von Güterzugloks im Betriebswerk Braunschweig Vbf. aufgenommen. Ihr Tender, der ja mit dem der Reihe 01^{10} baugleich war, lief zu dieser Zeit bereits hinter der Maschine 01 1076, von Ende 1950 bis Anfang 1952 hinter der 01 1064 und sodann hinter der 01 1073. Am 14. November 1951 kam für die beiden 06-Schnellzugloks die Ausmusterungsverfügung.

Erste Schritte der Dampfmotorlok.
Auf dem Verschiebebahnhof von Kassel im Juni 1941. Siehe auch die Abbildungen der Seite 95.

Sechstes Kapitel: Lokomotive 19 1001 mit Dampfmotorantrieb

Glückliche Umstände haben die Geschichte der Dampfmotorlok 19 1001, wie sie nach den Plänen der Henschel-Ingenieure Dr. Barske und Dr. Roosen entwickelt und gebaut worden ist, für den Lokomotivkenner von heute durchsichtiger gemacht als bei vielen anderen Lokomotivtypen. So hat Richard Roosen in seinem Erinnerungsbuch den eigenen Arbeiten an dieser Maschine ein umfangreiches Kapitel gewidmet, und mit seiner Unterstützung und der Hilfe der Lieferfirma, bei der sich noch eine Fülle von Fotografien fand, hat auch Horst Troche eine wahrhaft erschöpfende Beschreibung der Lokomotive 19 1001, von den ersten Skizzen über ihren Bau, die Werksprobefahrten und die Betriebsmessungen bis hin zu dem Transport über Antwerpen nach den Vereinigten Staaten und ihren öffentlichen Ausstellungen dort im Band 5 der Jahrbücher für Eisenbahngeschichte (Karlsruhe 1972) angefertigt, so daß wir uns hier recht knapp fassen können. Die Konstruktion der Lokomotive selbst wurde bei Henschel von W. Böhmig und Bruno Riedel besorgt, die dort Nachfolger von Heise geworden waren. Am 13. Juni 1941 wurde die Lok mit der Fabriknummer 25 000 in einem Festakt an die Reichsbahn übergeben.

Vom Bau der Dampfmotorlokomotive. Zunächst ein Blick in die Werkhallen von Henschel während des Aufachsens der neuen Maschine. Noch fehlen die V-Einzelachsmotoren und die Kesselverkleidung. Sodann eine Aufnahme des Triebfahrzeuges im Zustand zur Jahreswende 1939/40, noch mit schrägen Drehmomentenstützen zwischen den Motoren.

Winterliche Erprobungsfahrten mit der Lokomotive 19 1001. Ein Jahr später, im Januar 1941, befand sich die Maschine bereits in fortgeschrittenerem Bauzustand. Zwischen den Dampfmotoren sind kräftige waagerechte Rohre als Drehmomentenstützen zu erkennen. Die Probefahrten auf Reichsbahnstrecken, hier in Begleitung einer neuen Güterzuglok der Reihe 50, erstreckten sich auch auf die Strecke Kassel — Göttingen mit Zwischenhalten in Dransfeld (oben) und Oberscheden (unten).

Übernahme durch die Reichsbahn. Im Juni 1941 war die Dampfmotorlok so weit erprobt, daß man ihr den endgültigen Anstrich auflackieren (Verkleidung schwarz mit silbergrauem Zierstreifen, Laufwerk rot, Dampfmotoren grau abgesetzt) und sie der Reichsbahn übergeben konnte. Eine der letzten Fahrten unter der Regie des Herstellerwerkes fand in diesem Zeitraum auf der Strecke nach Treysa statt, wo unsere beiden Aufnahmen entstanden.

Fabriknummer 25 000. Das legendäre Henschel-Nummernschild der 19 1001 mit der von 1939 auf 1941 abgeänderten Jahreszahl.

Probefahrt im Juni 1941. Ein weiterer Zwischenhalt auf dieser Tour wurde in Gensungen-Felsberg, dessen schönes Bahnhofsgebäude im Hintergrund zu sehen ist, eingelegt.

Auf dem Hof der Henschelwerke in Kassel. An einem sonnigen Morgen im Juni 1941 arrangierte der Hausfotograf Rudolf Kreutzer dieses malerische Bild aus der 19 1001 und dem Sohn des für die allgemeine konstruktive Durchbildung der Lokomotive — außer dem Dampfmotorantrieb — zuständigen Abteilungsleiters, Regierungsbaumeister a. D. Bruno Riedel.

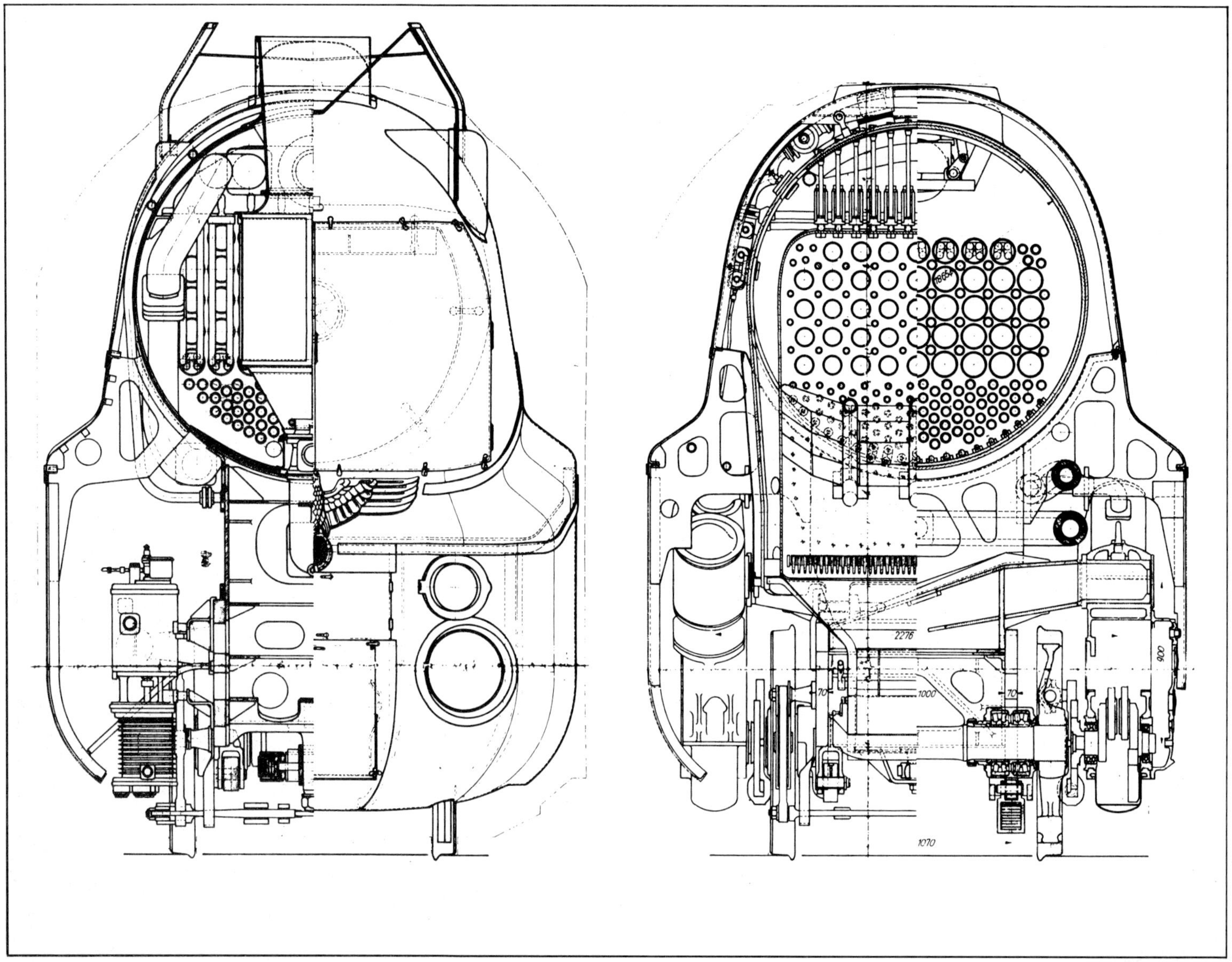

Schnitte durch die Dampfmotorlok in verschiedenen Ebenen. Zu den Längsschnitten auf dem hinteren Vorsatzpapier.

Betriebsmeßfahrten. Vor einem schweren Schnellzug mit beigestelltem Meßwagen in der Relation Frankfurt (Main) — Erfurt. Aufnahme zwischen Bebra und dem Hönebacher Tunnel im Juli 1942.

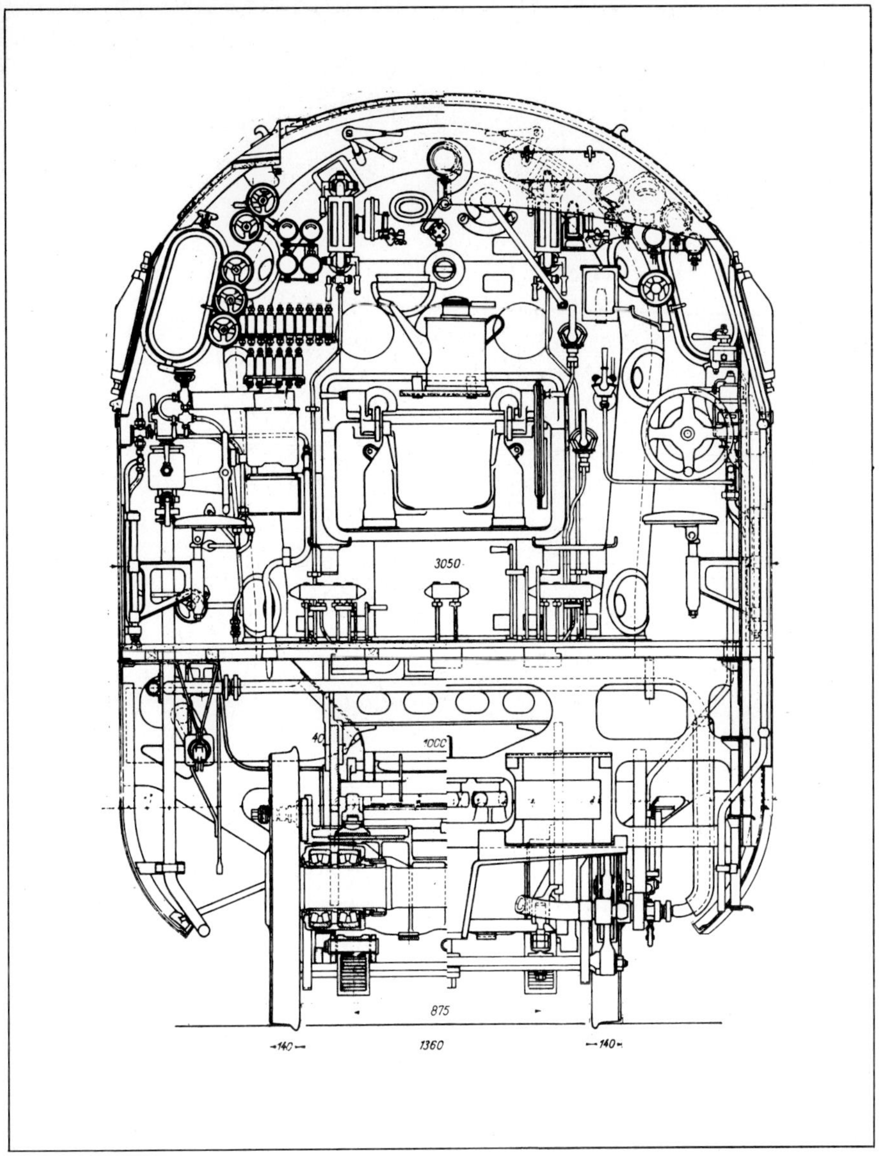

Betriebseinsatz. Zwischen Mai und November 1943 stand die sagenumwobene Maschine wegen des Lokomotivmangels der Kriegszeit im planmäßigen Schnellzugdienst zwischen Hamburg und Berlin, obwohl ihre Erprobung und endgültige Einstellung für den Betrieb noch nicht abgeschlossen waren. Aufnahme im beschädigten Hamburger Hauptbahnhof.

Beim Versuchsamt Grunewald. Im Herbst 1941 kam die Sonderlokomotive zum Versuchsamt für Lokomotiven in Berlin-Grunewald, wo sie einem verkürzten Meßprogramm unterzogen werden sollte. Hier gelang auch Hermann Maey wieder seine Standardaufnahme in typischer Umgebung.

Der Tender der Dampfmotorlok. Hier war der auch bei den Reihen 06 und 01^{10} verwendete 2'3 T 38 St vorgesehen, der jedoch für solche Langläufe wie zwischen Hamburg und Köln einen etwas vergrößerten Kohlevorrat erhielt.

Ausstellung in den USA. Zusammen mit anderen deutschen Lokomotiven kam die 19 1001 als Beute in die Vereinigten Staaten. Hier sehen wir sie vor der 52 2006 im März 1946 auf einer Schau in Fort Monroe, Virginia. 1951 wurde sie dort verschrottet.

Siebentes Kapitel: Besonderheiten und Einzelgänger

In diesem kleinen Kapitel sollen Lokomotiven Erwähnung finden, die, obwohl keine regelrechten Stromlinienloks, doch gegen Ende der dreißiger Jahre von dem „Stromlinien-Fieber“ profitierten oder wenigstens erneut von sich reden machten.

Unser erster Blick fällt auf die Lokomotive 03 207, die hier am 26. November 1937 vor einem Meßzug in Altona pausiert. Bei den Versuchen ging es um den Vergleich des Laufwiderstandes von Wagen mit Gleit- und mit Rollenlagern, und hinter dem Meßwagen befinden sich einige Doppelstockwagen der Lübeck-Büchener Eisenbahn.

Die Maschine ist mit einem Stromlinientender 2'3 T 37 St, wie wir ihn von der Baureihe 05 und von der 03 193 her kennen, gekuppelt. Als Grund für diese Maßnahme ist der begrenzte Wasservorrat des 34-Kubikmeter-Tenders zu nennen, der auf der Strecke Berlin — Hamburg besonders im Winter wegen des Dampfverbrauchs der Heizung in durchlaufenden Zügen nicht mehr genügte. Hier griff man kurzerhand auf die vorhandenen Zeichnungen zurück und beschaffte für besonders gelagerte Fälle eine kleine Anzahl dieser Tender.

Auch bei der Lokomotive 03 161, von Henschel unter der Fabriknummer 22 236 am 24. April 1934 nach dem Bahnbetriebswerk Würzburg geliefert und von dort im Sommer 1939 nach Nürnberg umbeheimatet, scheint die Frage der Vorräte ausschlaggebend für den Übergang von ihrem alten Tender 2'2' T 32 auf den hier abgebildeten 2'2' T 34 St gewesen zu sein. Wir erinnern uns, daß zum gleichen Zeitpunkt noch eine erhebliche Anzahl von Güterzugloks der Reihe 41 mit modernen Tendern beschafft wurde, die man sodann mit den alten Kohlenwagen der Reihe 03 tauschte, weil man eben deren Fahrbereich zu erweitern wünschte. Aufnahme im Sommer 1941 in Stuttgart Hbf. Der Tender entsprach dem Typ für die Reihe 03^{10}.

Ersatzlok für den Henschel-Wegmann-Zug. Hier erblicken wir eine Dresdner Spezialität, die von Henschel & Sohn unter der Fabriknummer 23 557 gebaute Schnellzuglokomotive 01 226, von der Reichsbahn abgenommen am 6. April 1938. Wohl teilte sie in der Regel den Dienstplan ihrer zehn anderen 01-Kolleginnen im Betriebswerk Dresden Altstadt, doch wenn die Stromlinienlok 61 001 ihren Auswaschtag hatte oder gar einmal streikte, dann durfte die 01 226 mit dem Stromlinientender 2′2′ T 34 deren Geschäfte übernehmen. Die größere Stromlinien-Tenderlok 61 002 trat ja erst im Sommer 1939 auf den Plan. Übrigens handelt es sich bei dem Tender um einen Prototyp der Bauart, der ein Jahr später mit den Dreizylinder-Schnellzugmaschinen der Reihe 03^{10} zur Kupplung kam.

Die ausgeschnittene Triebwerksschürze an der Versuchslokomotive 03 154. Im Jahre 1939, als die Versuche mit den verschiedenen Arten der Stromlinienverkleidung als abgeschlossen angesehen werden konnten, ließ die Reichsbahn die Ummantelung der Projektlokomotive auf ein ansehnlicheres und betriebsgerechteres Maß zurückschneidern. Immerhin stand die Maschine jetzt beim Betriebswerk Grunewald im planmäßigen Schnellzugdienst. Es ist anzunehmen, daß dieser Umbau noch von Borsig ausgeführt worden ist, denn das Bild wird als Werkfoto geführt. Zu der Abbildung unten, aufgenommen vor den charakteristischen märkischen Kiefern in Grunewald, schreibt ihr Fotograf Hermann Maey: „Es war ein Glücksfall, daß ich diese Lok erwischte, denn ich war im Versuchsamt, um eine andere Lok aufzunehmen. Da entdeckte ich auch die 03 154 und ließ sie mir aufnahmegerecht herausfahren. Die Aufnahme dürfte noch wenig bekannt sein, denn es war schon Krieg."

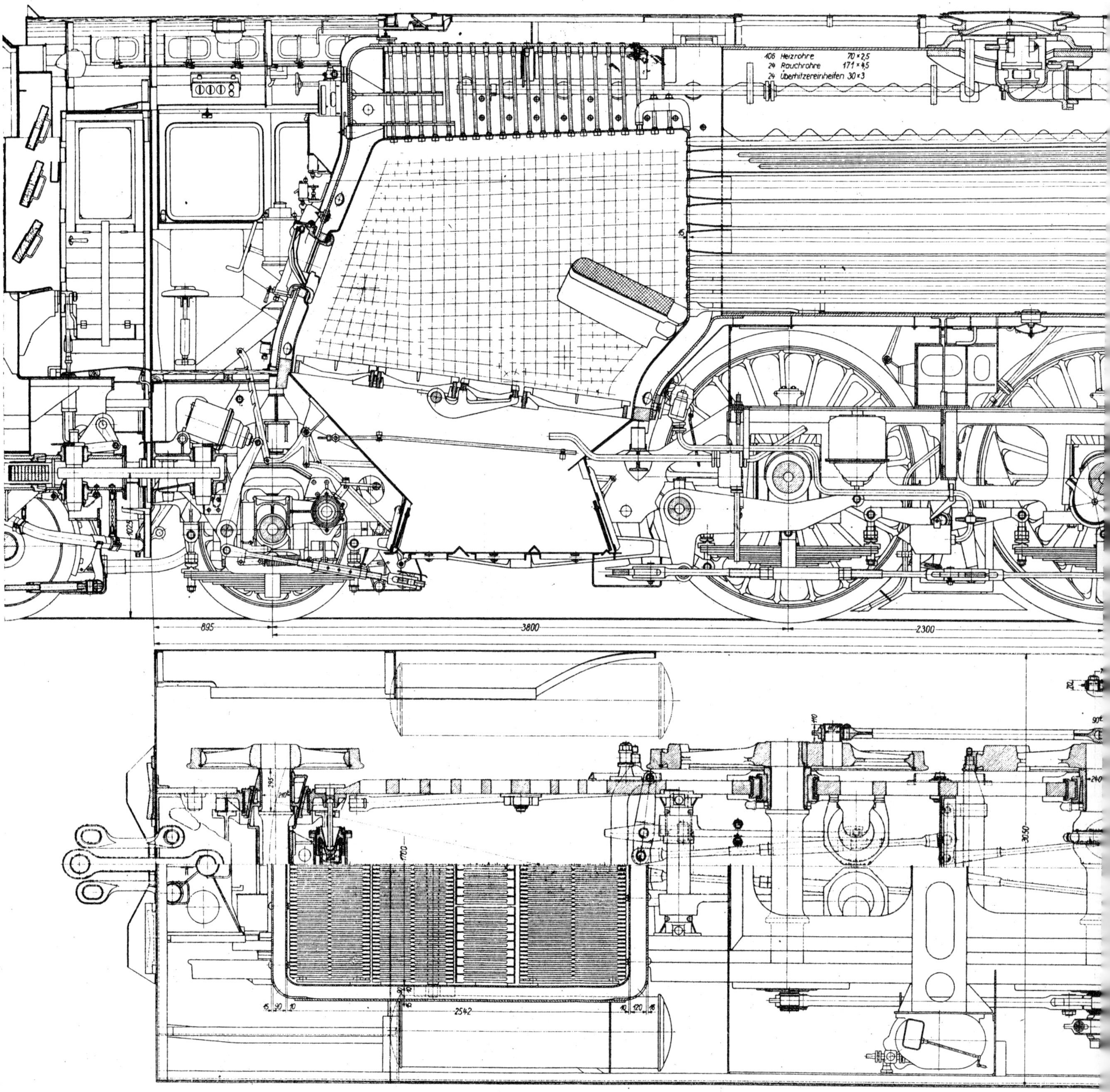
406 Heizrohre 70×2,5
24 Rauchrohre 171×4,5
24 Überhitzereinheiten 30×3
895
3800
2300
2542

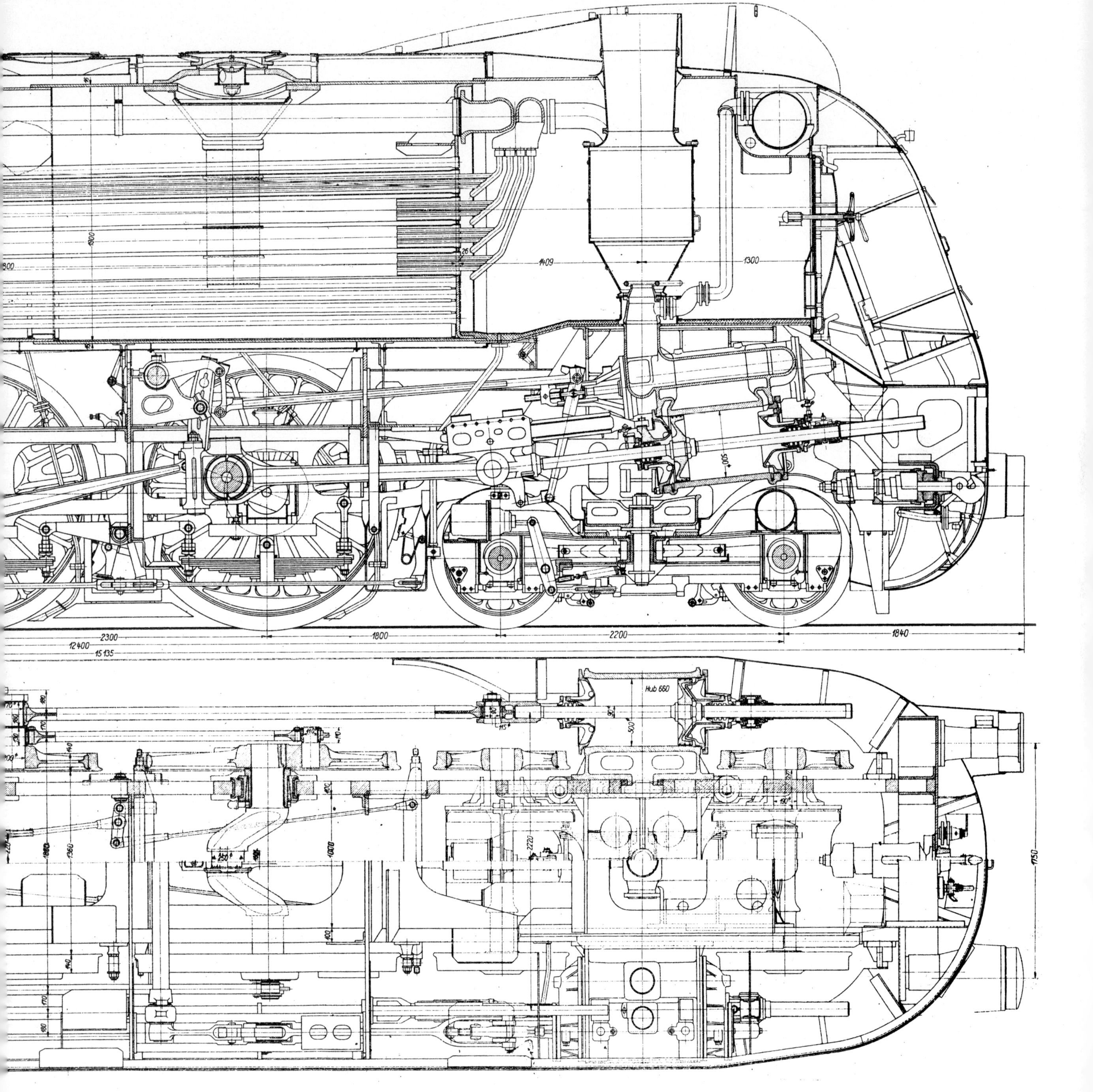
1409
1300
2300
1800
2200
1840
12400
15135
Hub 660
1750

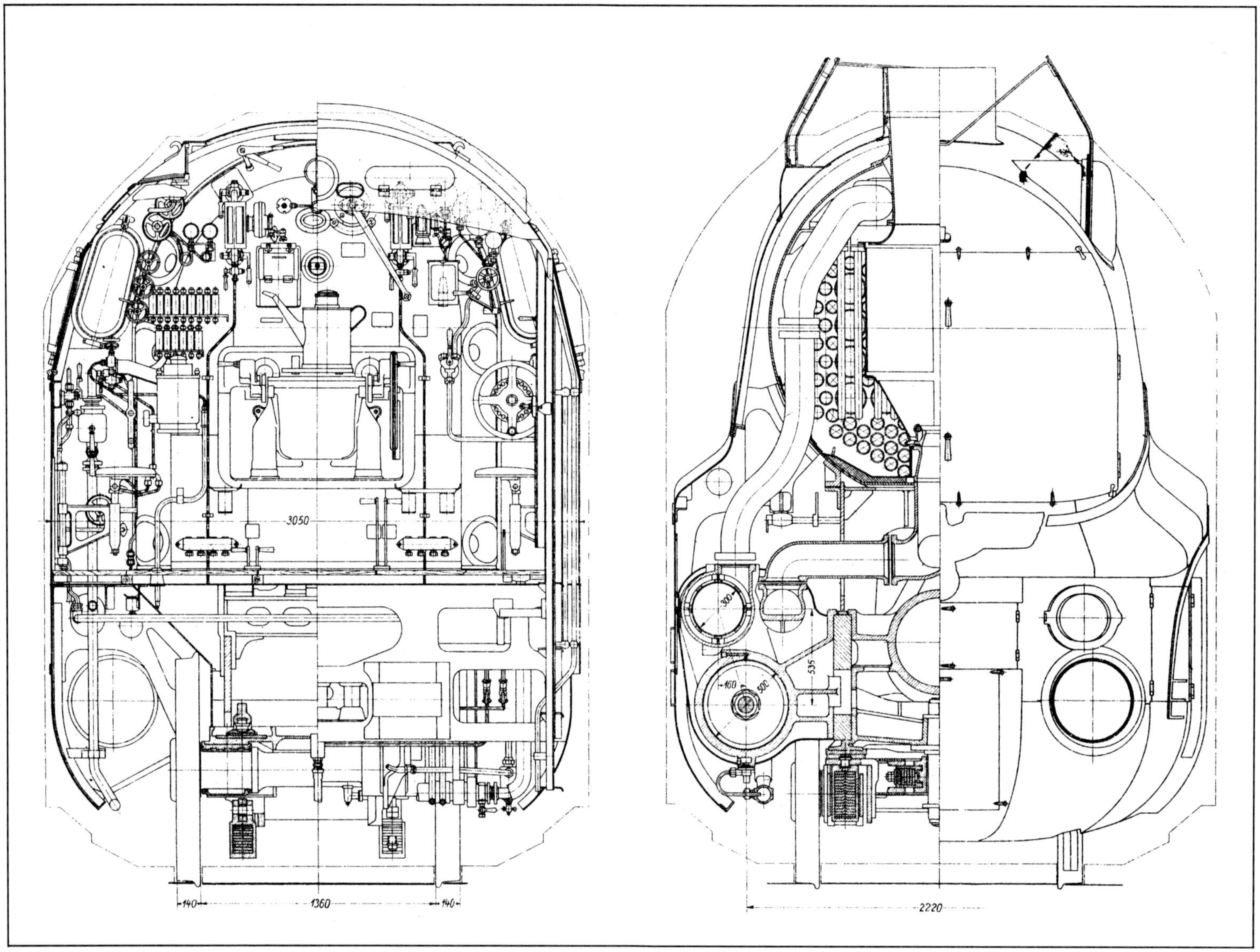

Führerstand und Stirnansicht der Baureihe 01^{10}. Zu den umseitigen Schnittzeichnungen.

Standardaufnahme der Lok 1088. Diese klassische Seitenansicht der im Mai 1940 von Schwartzkopff abgelieferten und beim Bahnbetriebswerk Dresden Altstadt eingesetzten Maschine verdanken wir Werner Hubert vom Deutschen Lokomotivbild-Archiv. Auch die folgenden drei Loks bis zur 01 1091 waren bis Mitte 1942 bei dieser Dienststelle beheimatet.

Achtes Kapitel: Die Super-Pazifiks der Baureihe 01^{10}

In dem großen Lokomotiv-Beschaffungsprogramm vom März 1939 waren gleich 400 Stück dieser durch Einbau eines Innenzylinders und Anlegen der Stromschale aus der schon in über zweihundert Exemplaren vorhandenen Reihe 01 entwickelten schweren Schnellzugmaschine zur Beschaffung vorgesehen. So machten sich bei der Berliner Maschinenbau-AG vorm. Louis Schwartzkopff in Wildau, der Projektingenieur Weber und der verantwortliche Konstrukteur H. Wagner an die Arbeit. Im Juli 1939 stand die Vorauslokomotive 01 1001, Fabriknummer 11 000, zu Probefahrten bereit. Sie kostete 250 800 Reichsmark. Für ihre Aufgaben wäre längst ein leistungsfähiger Vierkuppler vonnöten gewesen, doch lag keine geeignete und erprobte Konstruktion vor.

An weiteren Beschaffungen der Reihe 01^{10} waren 1939 bereits Aufträge über die 01 1002 bis 1051 an Krupp, 01 1052 bis 1105 wieder an Schwartzkopff, 01 1106 bis 1130 an Borsig, 01 1131 bis 1155 an Henschel, 01 1156 bis 1180 an Krauss-Maffei sowie die 01 1181 bis 1205 nochmals an den Erstlieferer vergeben worden, doch trat die Reichsbahn wegen der Kriegszeit von der Mehrzahl dieser Verträge wieder zurück. Allein die Maschinen 01 1052 bis 01 1105 wurden noch gebaut und zwischen Februar und September 1940 bahnamtlich abgenommen. Damit besaß die Deutsche Reichsbahn immerhin 55 der für 150 Stundenkilometer entworfenen Renner, konnte indes aufgrund der entspannten Fahrpläne von diesem Tempo schon keinen Gebrauch mehr machen.

Betriebsaufnahmen aus jenen Jahren sind äußerst rar, geben aber doch Aufschluß über die 1942 angeordnete teilweise Freilegung der äußeren Triebwerke und einen etwas rigoroseren Ausschnitt des Blechkleides im Jahre 1944. Nach Kriegsende wurde dann die Stromschale Stück für Stück abgebaut, bis die Bundesbahn den 54 noch vorhandenen Loks ab 1949 ein neues Aussehen gab. Diese Erscheinungsform wiederum mußte zwischen 1953 und 1957 mit dem Neubaukessel nochmals geändert werden, schließlich erhielten auch 34 Maschinen eine Ölfeuerung. Für lange Zeit bildeten sie nun auf den nicht elektrifizierten Strecken das Rückgrat der schweren Schnellzugförderung, und ihre letzten Jahre beim Bahnbetriebswerk Rheine haben die ostfriesische Strecke nach Norddeich zum Mekka all derjenigen werden lassen, welche die letzten Pazifik-Dampfloks in ganz Westeuropa noch bei angestrengter Arbeit sehen wollten.

Fühererseite der Baureihe 01^{10}. Eine rechte Seitenansicht beschert uns diese Annonce der BMAG nach einem Entwurf von Philipsen, veröffentlicht im Jahrgang 1941 des „Organs für die Fortschritte des Eisenbahnwesens“.

Lokomotivbau-Reklame mit der Stromlinienlok. In einer Vielzahl von Anzeigen verwendete die Firma Schwartzkopff zwischen 1940 und 1944 als alleiniger Lieferer ihre Baureihe 01^{10}, so (unten) in den „Elektrischen Bahnen“ von 1944 eine Szene aus den Werkhallen vor Konstruktionszeichnungen oder (links) in „Glasers Annalen“ von 1940 ein Bild aus dem Werksgelände vor den Arbeitersiedlungen in Wildau.

Betriebseinsatz in Dresden Altstadt. Das Bild rechts oben zeigt die Maschine 01 1089 am berühmten „Posten 24“ zu Füßen der Bastei in der Sächsischen Schweiz, einem beliebten Aufnahmestandpunk von Werner Hubert, vor dem Schnellzug D 62 Dresden — Prag im Jahre 1940. Die Aufnahme darunter entstand wenig später bei Klotzsche in der Dresdner Heide und zeigt die qualmende 01 1088 vor einem schweren Breslauer Schnellzug. Im Mai 1942 wurden die 01 1088 nach Braunschweig und die 01 1089 nach Breslau versetzt.

F
24

Aus dem Betrieb der Reihe 01^{10}. Einen der Münchner Mittagszüge auf dem abgelegenen Pfad über Jena Saalbahnhof hat die Maschine 01 1053 vom Bahnbetriebswerk Leipzig West in dieser Aufnahme aus dem Jahre 1941 am Zughaken. Der Lokführer hat gerade die Temperatur des Triebwerks überprüft, und auf den Bahnsteig posieren zwei Reisende für den Fotografen. Das Bild darunter ist „Fronturlauberzug im Westen" überschrieben und zeigt den Wintereinsatz einer 01^{10}-Maschine in tüchtiger Fahrt, aber leider unbekannten Ortes.

Mit freigelegtem Triebwerk. Die Typenansicht rechts und das Bild der Lokomotive 01 1062 vom Bahnbetriebswerk Berlin Anhalter Bahnhof darunter dokumentieren, wie schon nach zweijähriger Einsatzzeit die Triebwerksverkleidung zurückgeschnitten und in der oberen Hälfte die Jalousien durch einfache Klappen ersetzt wurden. Gleichzeitig wurde die Höchstgeschwindigkeit auf 140 Stundenkilometer herabgesetzt. Lichtbild aus Dresden aus dem Jahre 1942.

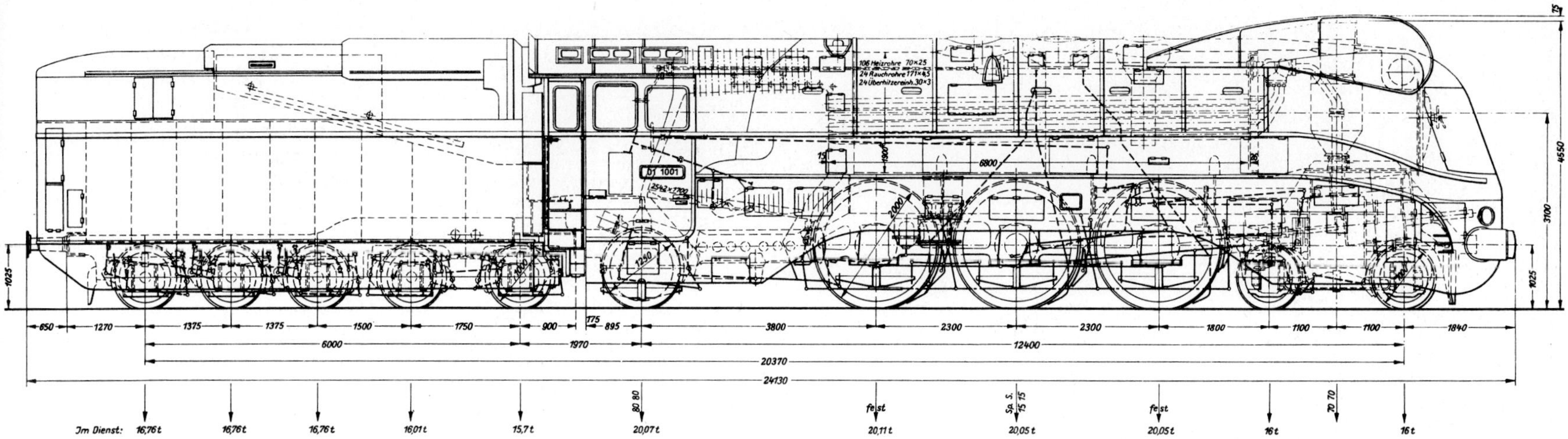
106 Heizrohre 70×25
24 Rauchrohre 171×4,5
24 Überhitzerelem. 30×3
01 1001
6800
4550
3100
1025
1025
650
1270
1375
1375
1500
1750
900
175
895
3800
2300
2300
1800
1100
1100
1840
6000
1970
12400
20370
24130
fest
fest
Im Dienst:
16,76 t
16,76 t
16,76 t
16,01 t
15,7 t
20,07 t
20,11 t
20,05 t
20,05 t
16 t
16 t

Der Einsatz nach Kriegsende. Bei Hedemünden auf der wiederhergestellten Werrabrücke ist diese Schnellzuglokomotive der Reihe 01^{10} unterwegs; Aufnahme im September 1948. Während man nun die Triebwerksverkleidung restlos entfernt hatte, war dies bei der Stromschale des Kessels nicht möglich, da sie hier die übliche Kesselverkleidung ersetzte.

Die Reihe 01^{10} in Bebra und Kassel. Schon in den letzten Kriegsmonaten wurde eine große Anzahl dieser schweren Schnellzugmaschinen nach Nordhessen verlegt. So sollten die Bahnbetriebswerke von Bebra und Kassel für lange Zeit zu den Hochburgen der Reihe 01^{10} werden. Unsere Abbildung zeigt die Lok 01 1081 beim Zwischenhalt auf einer Station im Bezirk von Fulda, etwa 1949.

Einsatz in Nordhessen nach dem Kriege. Eine weitere Behelfsbrücke in deren Schatten bereits die Sandsteinquader zur Wiederherstellung des alten Bauwerks aufeinandergetürmt werden, trägt in dieser Abbildung eine 01^{10}. Der fünfachsige Tender ist übrigens noch vollkommen stromlinienverkleidet.

Fernschnellzug FD 286 bei Hannoversch-Münden. 1950 fuhr man bereits wieder die ersten FD-Züge, so diese Verbindung zwischen Hannover und Basel SBB. Für mehr als ein Jahrzehnt sollte nun die Reihe 01^{10} im hochwertigen Reisezugdienst der Bundesbahn noch eine gewichtige Rolle spielen. Die Aufnahme der 01 1096 vom Bahnbetriebswerk Kassel ist ein Werk des Altmeisters Carl Bellingrodt.

Die Entfernung der Stromschale in den Nachkriegsjahren. Während sich rechts die Maschine 01 1103, eine langjährige Kasseler Lok, in Hanau noch mit der alten Kesselverkleidung präsentiert, zeigt die Nachtaufnahme unten, die von 1949 bis weit in die fünfziger Jahre hinein dem Bahnbetriebswerk Hagen-Eckesey zugeteilten Loks 01 1075, 01 1091 und 01 1092.
Sie befinden sich in dem vorübergehenden, ab 1949 bei Ausbesserungen herbeigeführten Zustand nach Abbau auch der oberen Stromschale und Anfertigung einer neuen Kesselverkleidung, die den weit vorn in der Rauchkammer sitzenden Vorwärmer deutlich hervortreten ließ.

Neuntes Kapitel: Die leichten Stromlinien-Maschinen der Reihe 03^{10}

Ähnlich wie bei der Reihe 01^{10} wurde auch im Fall der Reihe 03^{10} die Bauart durch Weiterentwicklung der zweizylindrigen Ausgangstype 03 gefunden, von der bereits 298 Stück, teilweise für 140 Stundenkilometer zugelassen, zum Maschinenpark der Reichsbahn gehörten. Die leichtere Gattung 03^{10} war besonders für die Strecken im Süden des Reiches und in den annektierten Gebieten gedacht, wo auf die Tragfähigkeit des Oberbaues Rücksicht zu nehmen war. Borsig lieferte 1940 die Loks 03 1001 bis 1022, Krupp die 03 1043 bis 1060 und Krauss-Maffei die 03 1073 bis 1092. Als erster Beschaffungspreis wurden 242 400 Reichsmark ermittelt. Die zwischen diesen 60 Exemplaren liegenden Nummern sollten mit Erzeugnissen von Borsig und Krupp aufgefüllt werden, blieben aber wegen kriegsbedingter Umwandlung der Verträge auf Güterzugmaschinen unbesetzt. Bemerkenswert ist noch, daß schon ab Werk bei einigen Borsig- und wohl bei allen Krupp-Loks ausgeschnittene Triebwerksschürzen vorhanden waren.
Die Bundesbahn hat zwar erst 1957 die bei ihr noch vorhandenen 26 Maschinen mit neuen Kesseln ausrüsten lassen, sie aber gleichwohl schon 1966 ausgemustert. Weitere Exemplare liefen in Polen und in der DDR.

Borsig-Stromlinienlokomotiven. Bei Borsig war man auf den mit der Baureihe 05 begründeten Ruf besonders stolz. Die in den „Glasers Annalen“ vom 1. Juni 1940 abgedruckte Anzeige gibt außerdem Aufschluß darüber, daß selbst ein Lieferwerk beide Formen der Triebwerksverkleidung baute.

Standardaufnahme der Baureihe 03^{10} mit geschlossenem Triebwerk. Carl Bellingrodt ist der Urheber dieses Bildes von der Führerstandsseite der Maschine 03 1081 in ihren ersten Einsatztagen beim Betriebswerk Wien West. Lieferer war die Firma Krauss-Maffei unter der Fabriknummer 15 731 im Baujahr 1940.

Vom Bau der Gattung 03^{10}. Mitte Januar 1941 entstand dieses Bild in den Hennigsdorfer Fabrikhallen der Borsig-Lokomotivwerke von der Montage einer der letzten Stromlinienloks für die Reichsbahn.

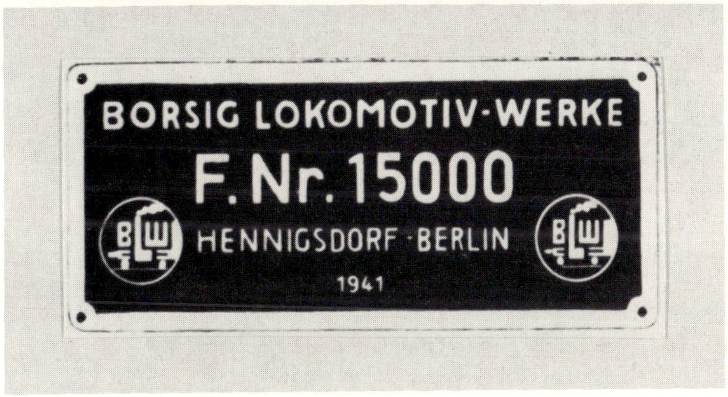

Bau und Ablieferung der Reihe 03^{10}. Vor den Hallen in Hennigsdorf (siehe auch die Abbildung auf Seite 15 unten) und der nagelneuen 03 1001 posieren im Juli 1939 die Mitarbeiter des für die Entwicklung dieser Lokomotive zuständigen Vereinheitlichungsbüros. Neunter von links ist Fr. Herrmann, der für die Durchbildung der 03^{10} verantwortliche Ingenieur, siebter von rechts ist der Dezernent für die Bauart der Dampflok im Reichsbahn-Zentralamt Berlin, Abteilungspräsident Dr.-Ing. R. P. Wagner.

Unten die schon mit ausgeschnittenem Triebwerk gelieferte Jubiläumslok 03 1020, deren Fabrikschild mit der Nummer 15 0000 links abgebildet ist.

Standardaufnahmen der Baureihe 03^{10}. Nochmals zwei schräge Ansichten der Lokomotive 03 1081 vom Betriebswerk Wien West. Sie wurde am 31. August 1940 im Ausbesserungswerk Meiningen von der Reichsbahn abgenommen.

Lokomotive 03 1081 in Wien West. Vom Spätsommer 1940 bis zum Frühjahr 1942 waren hier die fünf Maschinen 03 1080 bis 03 1084 beheimatet; weitere Exemplare waren in Linz stationiert. Deutlich sind die während der Kriegszeit abgeblendeten Laternen vorn zu erkennen. Auch der Tender 2′2′ T 34 St besitzt keinen Abschlußfaltenbalg mehr.

Paradeaufnahme einer Stromlinienlok. Vom Erbauer Krauss-Maffei (Fabriknummer 15 733) stammt das Foto der zehnten durch dieses Unternehmen gelieferten 03^{10}, Betriebsnummer 03 1083, unter dem Fahrdraht eines Münchner Güterbahnhofs.

Im Heizhaus Wien West. Eine der stimmungsvollen Depotaufnahmen des Österreichers Otto Zell aus dem Jahre 1941 zeigt uns dort die Maschine 03 1080 vor ihrer Schwestermaschine. Zugleich ist zu erkennen, wie sich das Personal wegen des fehlenden Umlaufes einer Leiter bedienen muß, um nach dem Rechten zu sehen.

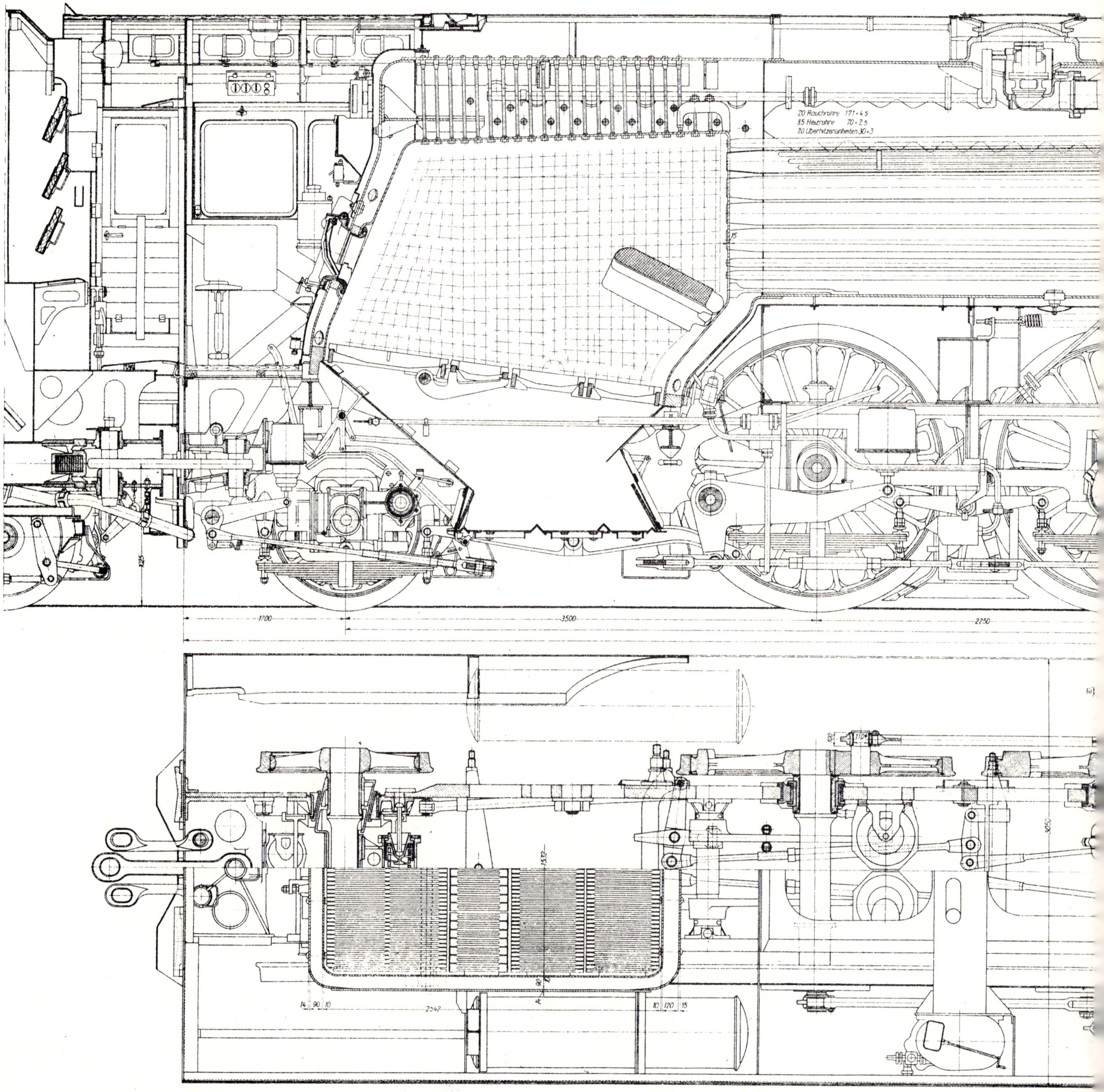
20 Rauchrohre 171 × 4,5
85 Heizrohre 70 × 2,5
20 Überhitzereinheiten 30 × 3
1700
3500
2250
2542
3050

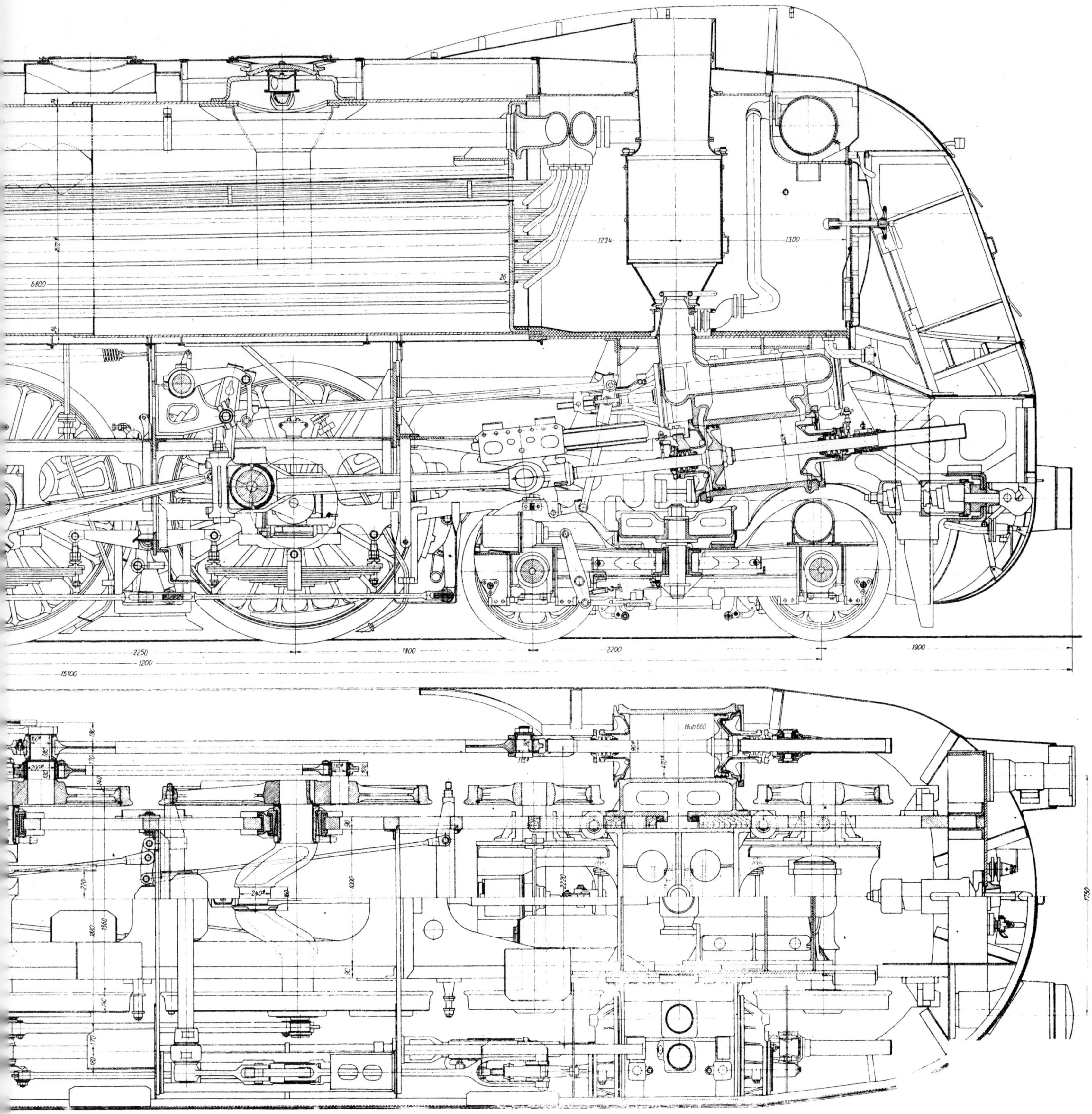
1234
1300
6800
2250
1200
15100
1800
2200
1900
Hub 660
1750

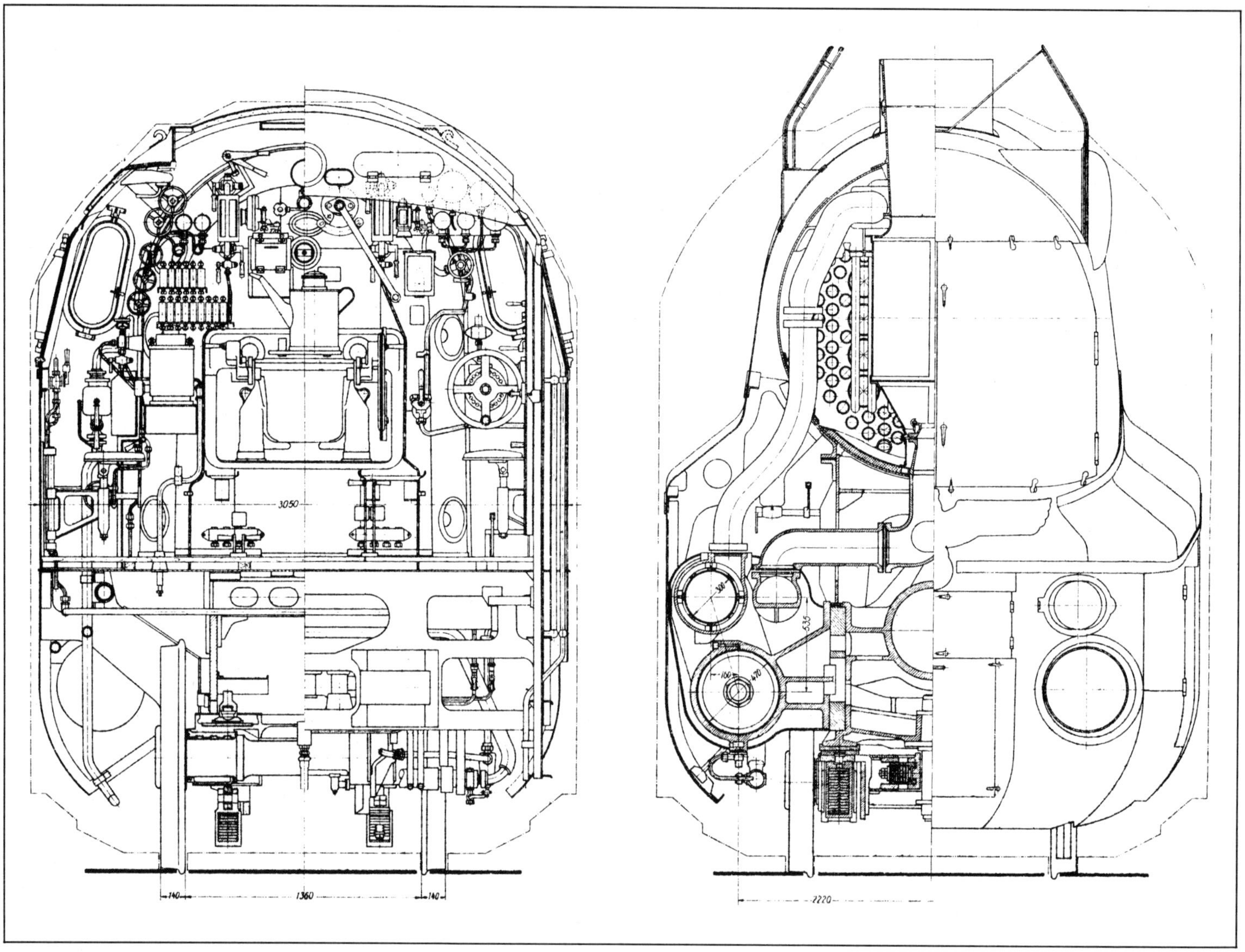

Führerstand und Stirnansicht der Baureihe 03^{10}. Zu den umseitigen Schnittzeichnungen.

Einsatz auf der Westbahn bei Straßwalchen. Vor zehn Schnellzugwagen ist eine Stromlinienlok der Reihe 03^{10} in flotter Fahrt zwischen Salzburg und Attnang unterwegs. Aufnahme unter der elektrischen Oberleitung im Jahre 1941.

Lokomotiv-Werbung im Jahre 1942. Im Oktoberheft 1942 der Fachzeitschrift „Die Lokomotive“ erschien die hier wiedergegebene Anzeige mit der ersten von Krauss-Maffei gebauten 03^{10}-Maschine, der 03 1073.

Mit Schnellzug D 238 durch Württemberg. Vom Anhalter Bahnhof über Leipzig, Gera, Nürnberg und Crailsheim war dieser Zug herangekommen, als er an einem Sommermorgen des Jahres 1940 bei Fornsbach im Murrhardter Wald auf dem Weg nach Stuttgart beobachtet wurde.

Schnellzug D 147 Stuttgart - Prag. Über Eger und Pilsen verkehrte dieser Zug. Abkömmling eines einst mit ISG-Schlafwagen von Paris ausgezeichneten Laufes. Aufnahme 1941 mit Lok 03 1074 bei Immenreuth zwischen Kirchenlaibach und Neusorg im Fichtelgebirge.

Schnellzug D 121 Paris — Wien. Gleichfalls ein vormals internationaler Schnellzug, früher mit Kurswagen von Boulogne und nach Budapest, hier 1942 hinter Lokomotive 03 1090 bei der Ausfahrt von Attnang-Puchheim gesehen.

Stromlinienloks in Linz. Zum Bahnbetriebswerk Linz gehörten ab Herbst 1940 die Maschinen 03 1085 bis 03 1092 — unter ihnen also die hier zwischen Attnang und Salzburg 1941 aufgenommene 03 1092 — und ab November 1941 auch die Loks 03 1053 bis 03 1056, die sämtlich im Frühsommer 1942 an andere Direktionen, vornehmlich an Posen, abgegeben wurden.

Betrieb auf dem linken Gleis. Dieser Blick aus dem Abteilfenster auf eine durch die winterliche Station vor Wien heranbrausende 03^{10} erinnert uns daran, daß die Maschinen auf der Mehrzahl der österreichischen Strecken nach alter Übung links fuhren. Dennoch blieb der Führerstand an seinem Platz.

Linksbetrieb. Auch diese schöne Aufnahme der 03 1087 vor einem Schnellzug im Wiener Wald ist ein Dokument für Fahrt auf dem linken Gleis.

Zweimal Pöchlarn an der Westbahn. Zwischen St. Pölten und Amstetten bei Pöchlarn entstanden die beiden unteren Bilder. Links die Lok 03 1086 mit teilweise bereits entfernter Verkleidung, rechts die Maschine 03 1091 bei der Ausfahrt vor einer illustren Wagengarnitur. Aufnahmen aus der ersten Kriegshälfte.

Ein Neubeginn unter amerikanischer Flagge. Hier sehen wir eine der von Borsig erbauten Maschinen der Reihe 03^{10} mit ausgeschnittener Triebwerksschürze bei der Generalüberholung nach Kriegsende in der Lokomotivfabrik Henschel in Kassel. In diesem Werk stationierte amerikanische Feldeisenbahner, deren Einheiten jeweils von einzelnen Privatbahngesellschaften aufgestellt worden waren, haben auf der Rauchkammerverkleidung das Emblem ihrer heimatlichen Bahn angebracht.

Hinweis

Der Beitrag über die Mitfahrt auf der Lok 06 002 (Seite 86) von Professor Dr. Ernst Hock wurde erstmals veröffentlicht in Heft 81, Seite 444, und der Beitrag über Lokführer Brade (Seite 51) von Karl-Ernst Maedel in Heft 44, Seite 344, der im gleichen Verlag erscheinenden Zeitschrift „LOK-MAGAZIN".
Der Beitrag von Professor.-Ing. Joachim Raabe über den Henschel-Wegmann-Zug (Seiten 45—49) wurde erstmals veröffentlicht in Heft 11, Seiten 9 bis 19, der Zeitschrift „Die Dampf-Bahn" vom September 1976, herausgegeben von den Ulmer Eisenbahnfreunden.
Wir danken den Verfassern sowie Herausgebern und Verlagen der genannten Blätter für ihre freundliche Genehmigung zum Abdruck.

Urhebernachweis

Die in diesem Buch wiedergegebenen Abbildungen wurden von den nachfolgend genannten Herren zur Verfügung gestellt oder aus einer der aufgeführten Sammlungen entnommen, denen der Verfasser für ihre bereitwillige Unterstützung auch an dieser Stelle herzlich dankt. Die Zahlenangabe bezeichnet die Seite.

Carl Bellingrodt: 11, 28 u., 29 o., 30 o., 37 u., 50 u., 52 o., 53, 60 o., 61 u., 113 u.,115, 118, 124.
Archiv Bellingrodt: 12 o. (Zell).
Sammlung Dr. Born: 6 o.
Bundesarchiv: 23 u.
Sammlung Th. Düring: 8 o., 52 u., 79 o., 84 o.
Nachlaß Dr. Ewald: 42 u., 43 u., 61 o.
Sammlung Dr. Feißel: 90, 110 u.
W. Fricke: 91 u.
Hans Hartz: 57 u., 58 u., 59 u.
Sammlung K. Fr. Heck: 17 o., 114 o., 122 u. (Lieben), 125 u.
Henschel (Thyssen Henschel AG): 7 o., 9, 10, 13, 36, 37 m., 40, 41, 55 o., 56, 59 o., 63 — 66, 77, 78, 93, 127.
Nachlaß Fr. Herrmann: 117 o.
Professor Dr. Hock: 87 u.
Adolf Hofbauer: 126 l.
Werner Hubert: 16, 80, 102, 106 u., 109, 111 u.
Nachlaß Gerhard Illner: 81 o.
Erwin von Kirchbach: 43 o., 51.
Kraus-Maffei AG: 119 o.
Rudolf Kreutzer (Thyssen Henschel AG): Schutzumschlag, 38 u., 39, 54, 55 u., 58 o., 67 — 76, 92, 95 — 98.
J. B. Kronawitter: 34 m., u., 46 u.
Sammlung K.-E. Maedel: 6 m., 6 u., 60 u. (Kluge).
Hermann Maey: 8 u., 34 o., 84 u., 85, 99 u., 100 o., 103 u.
Sammlung W. Messerschmidt: 117 m.
Sammlung G. H. Metzeltin: 21.
Professor Dr. Roosen: 94, 96 o., 99 o.
Sammlung P. Roth: 27 u., 30 u.
Sammlung Dr. Scheingraber: 15, 31 o., 32, 33 u., 103 o., 110 o., 112 u., 119 u. (Zell), 126 o. (Zell), 126 r.
Dr. Theodor Schlosser: 17 u., 46 o.
Ernst Schörner: 28 o.
Süddeutscher Verlag, Bilderdienst: 82.
Sammlung H. Troche: 37 o. (Werkfoto).
Ullstein Bilderdienst: 12 u., 116.
Alfred Ulmer (Sammlung Braitmaier) 2, 101 u., 123.
U. S. Army, Fort Eustis, Va.: 100 u.
Professor Dr. Weyer: 18, 29 u.
Sammlung H. J. Windberg (Nachlaß Mauck): 44 u., 101 o.
Nachlaß Adolf Wolff: 7 u., 14 u.
Verkehrsmuseum Nürnberg: 20 u., 35 u., 50 o., 83, 117 u., 125 o. (Zell).
Zentrales Bildarchiv der Deutschen Bundesbahn: 44 o., 87 o. (Schoppach), 112 o., 113 o.

Schutzumschlag gestaltet von Edgar Dambacher

CIP-Kurztitelaufnahme der Deutschen Bibliothek

Die Stromlinien-Dampfloks der Reichsbahn : vom Schnellverkehr d. dreissiger Jahre / Alfred B. Gottwaldt. Mit Beitr. von Ernst Hock . . . — Stuttgart : Franckh, 1978.
ISBN 3-440-04588-9
NE: Gottwaldt, Alfred Bernd [Hrsg.]

Franckh'sche Verlagshandlung, W. Keller & Co., Stuttgart / 1978

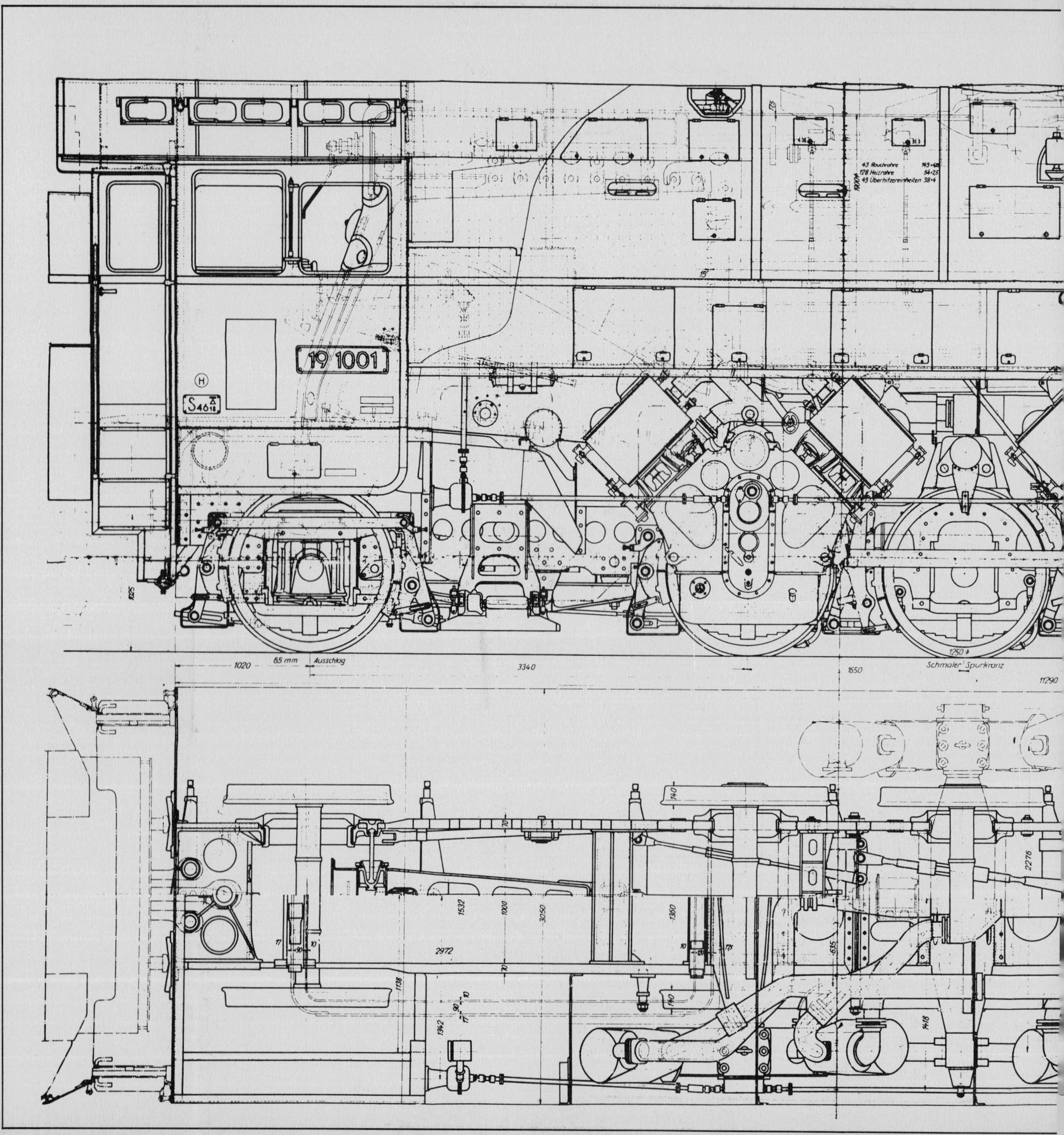
43 Rauchrohre 143 × 4,25
128 Heizrohre 54 × 2,5
43 Überhitzereinheiten 38 × 4
19 1001
1250 ⌀
1020
65 mm Ausschlag
3340
1650
Schmaler Spurkranz
11290
2972
2276